玻璃材质

万用设计事典

漂亮家居编辑部 著

辽宁科学技术出版社
·沈阳·

CONTENTS

目录

3

第一章
玻璃的基础知识

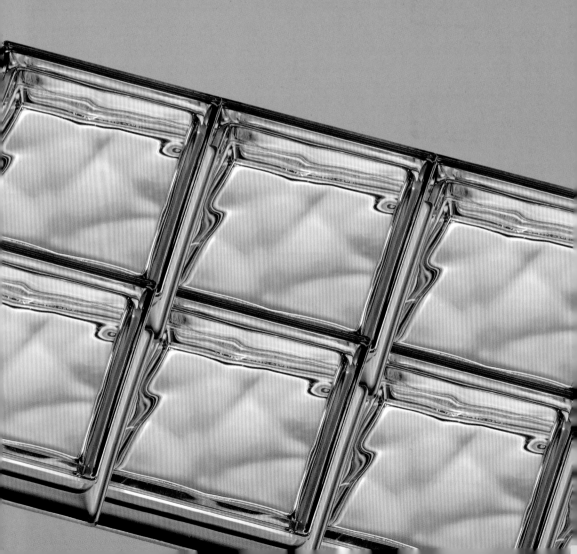

1
玻璃的
制作

建筑室内用的玻璃的制作方式包含浮法、压延法，而日常用的玻璃与建筑室内用的玻璃其实构成成分不同，通过 5 个问答，简单了解玻璃的制作过程与基础知识。

关于玻璃制作的 5 个问答

问：玻璃的主要构成成分为何？

答：玻璃可区分为建筑用玻璃、生活用玻璃，在普通生活当中使用的玻璃的主要成分是二氧化硅（SiO_2，即硅砂的主要成分），而通常建筑用的平板玻璃以钠钙硅玻璃为基底，并添加微量的铝、镁，用以提升化学稳定性及减少析晶（失透）现象。

问：玻璃的制作方式大约有哪几种？

答：现代玻璃制作主要的生产方式有水平式的浮法（float process）、压延法（rolling process），其中浮法玻璃的生产量最大。

玻璃膏经控制闸门进入锡槽（1000℃），由于地心引力作用及本身表面张力作用，利用比重差异使玻璃浮于熔锡表面上，再进入制冷槽（550℃），使玻璃两面平滑均匀，波纹少，从而制成浮法玻璃。

压延法主要用于生产压花玻璃，先在圆形滚筒上雕刻花纹，然后滚压玻璃，在玻璃表面上留下纹路，压花玻璃具有透光不透视的特性，亦可创造各种不同的模糊光影及阴影。

问：在建筑和一般生活用品上应用的玻璃，在原料选择或制作过程中有什么不同？

此为采用压延法制作的压花玻璃，以圆形滚筒滚压在玻璃上会产生纹路。摄影：沈仲达／产品提供：台玻

答：建筑用玻璃以平板玻璃为主，采用的是钠钙硅玻璃，生产过程包含浮法、压延法；一般生活用玻璃，如食品容器、玻璃杯、玻璃瓶等，对于耐热稳定性的要求相对更高，所以使用硼玻璃配方，热膨胀系数约 33×10^{-7} ／℃，比钠钙硅玻璃（87×10^{-7} ／℃）低，成品以模造为主。

问：为什么清玻璃会带有一点绿？

答：由于浮法清玻璃最主要的着色来源是铁，会使玻璃呈现绿色，不过这种玻璃的含铁量要求在 0.11% 以下，主要会在原料上对含铁量订立标准。另外在生产过程中也要尽量避免将杂质带入机械设备，如在原料输送过程中，与机械设备摩擦而带入铁成分。

问：强化玻璃会碎裂吗？

答：强化玻璃表面是压缩应力层，内部有引张应力层与之对应，而保持平衡状态。当表面的伤痕延伸到内部引张应力层时，就会造成破裂。强化玻璃只要局部受损破裂，就会失去应力平衡，而引起全面碎裂。强化玻璃破碎后会呈现颗粒状。建议天井的顶盖、天窗、采光天窗等水平或近于水平状态的玻璃，应采用强化胶合玻璃，碎片会粘在胶合膜上，起固定作用，使用更为安全。

2 玻璃的回收与再制

当我们贴上"易碎玻璃"标签，送走这些空的啤酒瓶、损坏的灯泡灯管、不小心打破的玻璃窗，甚至是摔坏的平板电脑，你知道这些废弃玻璃回收后到哪里去了吗？其实通过高科技的玻璃回收技术，可以将重量重、价值低的回收玻璃，变成价值万倍的"黄金商品"，成为绿色建材与艺术品。

废弃玻璃的永续循环进行式

酒瓶所用的玻璃可 100% 回收再利用，还可以"原形再利用"，也就是回收原瓶，经过清洗、高温消毒、灭菌等处理后，进行再利用，重新装填新产品。除了玻璃瓶以外，一般生活中常见的废弃玻璃的来源，还有平板电脑、汽车、灯泡灯管和影像管等。

为了提高回收价值，回收的废弃玻璃到厂后，会经过人工初步分类、分色，分为茶色、绿色、透明三类，未分色或成色不佳的成为杂色料（又称综合色料）。经过去除杂质等程序后，接着用电磁分选去除铁

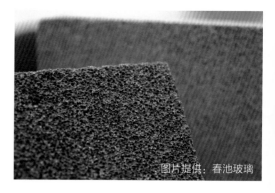

图片提供：春池玻璃

轻质节能砖具有隔热、隔音、重量轻、抗高温等特点，通过英国和新加坡的防火认证，每块重量只有同体积水泥和红砖的 12.5%。极高的性价比，让轻质节能砖广泛应用于建筑之中。

质，再进入机械粉碎，然后二次粉碎，洗涤去除有机物，再以震动的方法细筛，经过研磨与熔烧等程序后，最后制成玻璃再生粒料。

晶莹剔透的玻璃，除了再制玻璃瓶之外，还可转化成亮彩琉璃、玻璃艺术品。玻璃的主要成分以二氧化硅（SiO_2）为主，与一般砂石相同。玻璃再生粒料（俗称玻璃砂），可以适当地取代一般路面所需添加的部分砂石，较粗糙的作为玻璃沥青、轻质骨材、水泥连锁砖、玻璃红砖等，制成土木建材及工业新环保材料的配料。人行道透水砖散发闪耀光芒的反光颗粒，就是来自废弃玻璃的回收再利用！

图片提供：春池玻璃

以高温急冷的热熔合原理，将具有伤害性的破碎废弃玻璃成功转化成五颜六色的亮彩琉璃，具有良好的折光率，应用在商业空间、休闲游园区、残障坡道、泳池周边的拼图以及需要拼花组合的区域，可形成光彩夺目的闪光效果。

翻转逆势，淬炼身价翻倍的绿色建材

相较于回收的塑料容器在高温熔融时，容易产生劣化现象，只能降级再利用，玻璃可以 100% 再生再利用，是不用降级的材料。每年回收 1 亿 kg 废弃玻璃的春池玻璃认为，循环经济应将废弃物升级再制。近年液晶电视与平板电脑风行，带动大量面板玻璃废料回收，然而这类 TFT-LCD 玻璃在制作过程中添加了氧化铝、氧化硅，导致再制时熔点更高，成为耗能而难以再利用的废弃物。

春池玻璃副总经理吴庭安在强大的库存压力之下化危机为转机，运用所学研发出轻质节能砖。将面板玻璃研磨成粉，加入水泥后进行微米分子化与常温发泡处理，形成特殊蜂巢结构，让轻质节能砖具有防火、隔热、隔音、质轻、无毒等特性。这种轻质节能砖每立方米仅重 15kg，远轻于砖、混凝土及一般轻隔间材料。在夏日，具有隔热耐高温的效果，可有效维持建筑室内温度，更通过多国及地区的防火认证，符合绿色建材标准，成为新一代绿色建材。

关于玻璃回收与再制的 5 个问答

问：如果玻璃没有回收，会造成什么影响？

答：玻璃无法被生物分解，如果玻璃未经过回收妥善处理，会造成掩埋场的沉重负担，如果不慎进入焚化炉，更会造成炉体损坏。因此需要大家做好玻璃回收，让循环经济永续转动。

问：回收玻璃时，我们应该怎么做？

答：进行玻璃回收时，可将玻璃瓶盖卸下，并将瓶身清洗干净、晾干，避免油脂、调味料与化学物质残留，更要留意回收时避免瓷器及非玻璃物品混入，依颜色分类能有助于保证回收玻璃的质量。

问：玻璃再制后，可以有哪些用途呢？

答：除了直接做成容器、平板玻璃成品等，顶级细腻的玻璃再生粒料能成为亮彩琉璃、陶瓷釉料、玻璃纤维、化学吸附剂，以及土木建材及工业新环保材料。

问：节能砖应用在建筑与室内设计上，有哪些特性呢？

答：节能砖是将回收的面板玻璃（LCD Glass）经过筛选、粉碎等制成的，运用轻钢构工法，可做成轻质实心墙或隔间实心墙，施工人员不需要专业培训也可以施工。使用简易工具便可加工、开孔，低噪声不恼人。施工切割的余料，可与混凝土混合后成为管线缝隙填充材料。

问：什么是亮彩琉璃？

答：亮彩琉璃是将回收的废弃玻璃原料经由机械磨碎，并通过窑烧将锋利的碎玻璃熔合成直径 0.6~12mm 的圆面粒子，生产出的晶莹剔透、闪亮夺目的玻璃建材。这类玻璃建材吸水率近乎为零，可迅速排水，无毛细孔，不吸附灰尘，经过雨水冲刷，更可历久弥新、永不褪色，是一种充满艺术价值的建材。

图片提供：春池玻璃

回收玻璃的处理制作过程，先经由分类、分色程序。

一般废弃玻璃回收再利用的制作过程

分类 → 分色 茶色、绿色、透明 → 去杂质 → 清洗 → 粗粉碎

粗粉碎 → 磁选 铁金属

磁选 → 细粉碎 → 筛选 非铁金属 / 塑料混合物 → 玻璃 再生粒料

图片提供：春池玻璃

亭菊碗是 W 春池计划以循环玻璃打造的透明餐具，保留红色塑料碗的结构，延续中国台湾办桌文化的共同回忆。

图片提供：春池玻璃

HMM 与春池玻璃共同制作的 W Glass 玻璃杯，使用 100% 可再制循环玻璃。W 春池计划认为，所谓的美，并不是只有外观设计的美，而是每一个微小、不起眼的对象，所代表的永续价值。

3
玻璃的
选用

透光、清亮的玻璃，是建筑与室内皆常使用的材质之一。除了一般常见的透明玻璃（或称清玻璃）外，另有针对结构、防噪声、防紫外线、节能，甚至安全、设计等方面的不同样式的玻璃，接下来就针对这些方面说明玻璃在选购与使用上的注意事项。

要点 1 · 依据环境做抗侧向力、风压、雨等测试，提升玻璃使用的安全性

林渊源建筑师事务所的建筑师林渊源指出，玻璃用于建筑立面、外墙上，对比其他结构建材是相对脆弱的，安全更为重要。近年极端气候频繁增加，当大楼越盖越高时，地震、大风、大雨等就会影响玻璃使用的安全性，因此玻璃会被一并纳入抗侧向力的结构系统，评估检视玻璃在承受较大层间变位时能否造成影响生命安全的破坏。另外会依据建筑环境，进行抗风压、抗雨等测试，进而再选择合适的玻璃、五金、框料等，甚至就连玻璃的分割尺寸、窗框间距等皆有一定的规范，以避免自然现象带来的灾害或影响。

为防止外力因素对玻璃造成破坏，除了通过不同的测试系统做检测，还要对玻璃本身做安全性的提升。过去常因地震摇晃、高风压，造成玻璃碎裂，进而伤害到人，为降低玻璃破损情况，陆续有厂商推出强化玻璃、胶合玻璃等。以胶合玻璃为例，其主要利用高温高压在两片玻璃间夹入聚乙烯醇缩丁醛（PVB）树脂制成，由于内部的胶膜具有黏着力，当玻璃破损后，碎片会粘在其上，不会伤到人，安全性相对增加。

图片提供：林渊源建筑师事务所

当大楼越盖越高，且又要使用玻璃时，要一并进行抗风压、抗雨测试，进而再选择合适的玻璃、五金、框料等。

要点 2 · 节能玻璃可有效地把热能阻隔在外，以达节能目的

玻璃 100% 的透明性，可让人的视线毫无阻挡地穿透，同时也将阳光引入，替室内提供良好的采光，但过度导入光线，也会连带使热能一并进入建筑物内，变相提高空调耗能。为了能有效阻止阳光直接从窗户照入室内，造成室内温度的上升，厂家从节能角度着手，研发出多种节能玻璃，包含反射玻璃、Low-E 玻璃（又称低辐射镀膜玻璃）、胶合玻璃等，有效防止热能进入建筑物内，以达节能目的。

在选择节能玻璃时，除了依据各种标准，还可留意遮蔽系数、可见光反射率、可见光穿透率等方面。遮蔽系数代表玻璃对建筑外壳耗能的影响程度，系数越低表示玻璃能阻挡室外热能进入室内的能量越少。可见光反射率是指可见光部分照射到玻璃后反射的比例，反射率越高代表玻璃造成环境光污染程度越大。可见光穿透率代表的是可见光照射到玻璃后穿透入室的比例，数值越高代表光转为有效室内照明的效率越高。

摄影：江建勋

摄影：江建勋

玻璃有 100% 的透明性，同时也将阳光引入，为室内提供良好的采光，选用时可考虑采用节能玻璃，有效将热能阻隔在外，以达到节约能源的效果。

要点 3 · 气密性、厚度与构造决定玻璃的隔音性

谈及玻璃的隔音性，林渊源解释，与气密性的要求有很密切的关系，因为好的气密效果能减少噪声在空气中的传播。气密窗因此诞生，这种窗户的窗框经特殊设计，并用塑料垫片与气密压条紧密接缝，可产生良好气密性。另也会搭配多点式扣锁五金，与传统玻璃窗户比起来，更能有效降低噪声与风声。

玻璃面材的厚度及构造也和隔音效果有一定程度的关联性，例如两层玻璃中间具有一道中空层，一般是以干燥真空方式或注入惰性气体的方式，可有效隔绝温度及噪声传递。另外，窗户由两片玻璃组成，中间以 PVB 树脂胶合，在隔音表现上，声波遇到 PVB 层会降低声音传导，且 PVB 层具黏着力，不易被破坏，因此还兼有耐震、防盗功能。

摄影：江建勋

玻璃的隔音性，与气密性以及玻璃面材的厚度、构造等有一定程度的关系，好的气密效果，或好的厚度与构造，能阻绝噪声的传递。

要点 4 · 玻璃表层镀膜或填缝胶材的耐久性更是要留心

图片提供：林渊源建筑师事务所

一般普通玻璃的主要成分为二氧化硅（即石英），虽然会因其适用性再增添其他成分，例如碳酸钠或其他少量元素，但最终制作完成后，皆不会在强度、耐久性甚至质量上出现改变。林渊源提醒，反而是后续在表面做一层镀膜加工处理的玻璃，更需要留意这层薄膜本身的耐久性。玻璃镀膜即是在玻璃表面上镀一层薄膜，这层薄膜可以阻隔太阳光，也不容易黏附灰尘，作为建筑玻璃，除了有助于室内降温，具有不易沾染灰尘、好清洁的特性，也可降低建筑外观清洗的难度。值得注意的是，为了维持建筑外观的整洁性，多半都会进行大楼外墙清洗，若使用无机酸洗剂，易使薄膜受到化学性破坏，缩短使用寿命。外墙玻璃也常受鸟粪袭击，鸟粪里含有硝酸成分，这多少也会影响玻璃镀膜的耐久性。

除了玻璃镀膜，一般常用的胶合玻璃、气密窗等，其填缝所用的胶材或胶条，在使用一段时间后易有老化、变质问题，使玻璃耐久性自然不佳，要定时更换才不会间接影响玻璃。

图片提供：林渊源建筑师事务所

玻璃制作完成后，皆不会在强度、耐久性甚至品质上出现改变，反而应留意后续在表面所做的镀膜加工处理是否影响耐久性。

要点 5·从颜色本身到切割组合，玩出玻璃的创意性

为了增加玻璃运用在空间中的设计性，不少从业者从颜色本身做变化，增添玻璃的丰富性，也利于在设计上做各种的搭配。常见的一种是将色料加入玻璃中，即所谓的"色板玻璃"，颜色丰富之余，亦能减少热辐射的穿透，具有节省能源的作用，常被运用于建筑外墙、室内门窗上，常见的颜色为茶色、蓝色、绿色等。在选用时，林渊源建议一定要留意本身建筑外墙、室内空间的调性，否则安装上去后才感觉到突兀或不相称，既不会替美观性加分，又会衍生出其他的困扰。另一种是从隐私性角度设计的"不透明玻璃"，如喷砂玻璃、白膜玻璃等，本身具有透光性，同时又兼具视觉隐秘效果，于室内可作为空间屏障，也能保持透光的宽广感。

图片提供：林渊源建筑师事务所

图片提供：林渊源建筑师事务所

在选用时，玻璃的颜色一定要与建筑外墙、室内空间的调性相契合，如此整体搭配起来才会美观好看。

在设计表现上，有设计者尝试采用切割手法，将原本一大片的玻璃做数片的切分后，再结合其他五金、框料等做组合，借由分割线或五金，相互带出玻璃的设计美感。

4
玻璃的加工

玻璃的加工一般可分为冷加工与热加工两种类型，冷加工是指切割、磨 / 光边、钻孔、喷砂等无须加热的处理程序，而热加工是通过高温来进行作业的，譬如压花、强化、热浸、网印等。玻璃的特殊处理与强化加工，增加玻璃的强度硬度、隔热节能、隔音等优点，在建筑与室内环境的应用上，大大提升安全性与舒适度。

加工 1 · 压花

当玻璃在被制成素面的平板基材后，将玻璃原片加热，在微软化的状态时，利用模板以滚压方式在玻璃表面压印出纹路，便能让玻璃表面形成各种花样纹饰，如直条纹的长虹玻璃，以及方格、水波纹、云状纹、锤目纹、海棠纹等各具风格的压花玻璃。

图片提供：湜湜空间设计

加工 2 · 切割

通过切割可将玻璃裁切成符合需求的尺寸，切割机主要是通过钻石刀头与计算机设定，将玻璃切割出各种基本形状，如矩形、三角形、圆形或其他形状，适合切割直线或有较大弧度曲线的玻璃。

图片提供：祥义玻璃股份有限公司

加工 3 · 水刀

玻璃的另一种切割加工方式为水刀切割，其原理是运用高压水来切割物质，水刀可保持玻璃边缘的光滑平顺，也能切割出较复杂图形，按照 AutoCAD 图纸或由技术人员绘制的切割图，经计算机自动生成加工程序，便能完成各种精细的切割处理。

加工 4 · 磨 / 光边

玻璃在切割后，边缘呈现锋利的状态，经由磨边机进行磨 / 光边的加工处理，使玻璃边缘达到不割手的效果，在经过这道细节处理后，玻璃拥有更良好的边缘线条，提升整体美感。

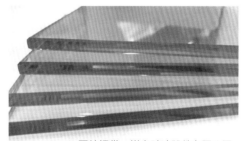

图片提供：祥义玻璃股份有限公司

加工 5 · 钻孔

除了造型需求的钻孔之外，结构用的玻璃
（譬如大型外墙玻璃等），会依照不同尺
寸、设计来选择各式五金夹具以固定玻璃。
为了使其结构稳固效果更佳，会事先将玻
璃进行钻孔加工，而钻孔的大小依照五金
夹具的尺寸来决定。

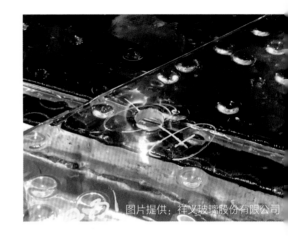

图片提供：祥义玻璃股份有限公司

加工 6 · 网印

网印玻璃，顾名思义是将类似网版印刷的
技术应用在玻璃上。先设计出图案网版，
使用陶瓷漆料（又称釉料），将图案印刷
至玻璃表面，待静置干燥之后，再经由强
化炉将漆料热熔入玻璃，最后制成具有图
案及颜色变化的网印玻璃。由于经过高温
步骤，漆料更稳定、不褪色，相较一般室
内用的烤漆玻璃能有更多元的图案表现，
也更为耐用。

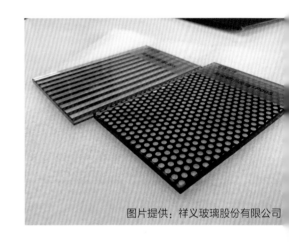

图片提供：祥义玻璃股份有限公司

加工 7 · 喷砂

玻璃的喷砂加工，是通过喷砂机将空气压
缩成高压气体，并在高压气体中加入金刚
砂，使其喷射于玻璃上，将原本平滑光亮
的表面变为雾粒状。经过喷砂处理的玻璃
呈现雾面、朦胧效果，同时光线的折射、
反射也较一般玻璃更柔和。

图片提供：湜湜空间设计

加工 8 · 强化

强化玻璃的强度是一般玻璃的 4~5 倍，强化的加工方式，是将平板玻璃加热至 680~700℃，让玻璃接近软化（但未到达熔点），再让玻璃表面急速降温冷却，使压缩应力平均分布在玻璃表面，产生强化效果。强化玻璃若破裂时会碎成颗粒状，而非一般玻璃的尖锐碎片，可减低受伤的可能性，安全性相对较高。

加工 9 · 热浸

热浸是针对强化玻璃的一道加工程序，是为了处理强化玻璃内可能存在的硫化镍杂质成分，以降低未来玻璃自爆的可能性。玻璃在热浸炉内，其中的硫化镍会由高温的 α-NiS 转换为低温的 β-NiS，转换中体积会有 2%~4% 的膨胀，若此时杂质正好处于张力层，此成分会在热浸炉中先爆开，所制成的强化玻璃未来自爆概率便能降低。

图片提供：祥义玻璃股份有限公司

5
玻璃与五金

与玻璃息息相关的五金包含门、铰链、门锁，常见的玻璃拉门借由滑轮、轨道、夹具和门止等五金，达到左右水平移动的效果。铰链的选配用于一般玻璃门、淋浴门片，须针对不同玻璃厚度选择铰链。另外若是需要安装门锁，也必须在玻璃上先预留开孔。

| 玻璃门的五金 |

> ## 种类 1 · 一般玻璃门装置

夹具：玻璃属于高硬性材料，且又不如其他材料（如木料）容易加工，因此，多数靠"夹"来产生应力，需注意五金的载重限制。

上下包角：包角主要用于玻璃门脆弱的四角处，以达到强化结构的目的。在使用包角时，通常还会搭配地铰链，共同让门产生开合的动作。

锁具：玻璃门上通常也会加装锁具，视需求安装在门的把手附近、靠近天花板的上方，或者接近地板的下方处，提供上锁紧闭的功能。

摄影：江建勋

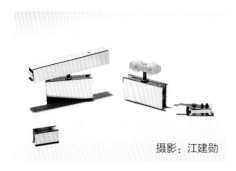

摄影：江建勋

种类 2 · 玻璃拉门装置

玻璃拉门装置主要是依靠轨道、滑轮、夹具、门止等五金构件组合运作。通常玻璃拉门多采用上轮走上轨形式，因配置下轨有既定沟缝存在，且容易卡灰尘，故较少人使用。除轨道、滑轮之外，还会有所谓的夹具，是将门夹住。另外底下会搭配下门止，用来固定门不产生晃动。

| 铰链 |

种类 1 · 一般玻璃的铰链

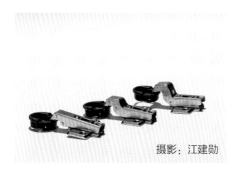

摄影：江建勋

适用于橱柜门的铰链与木作柜体所用的铰链长得很像，由上往下分别为铰链杯（即圆凹处）、转折曲臂、臂身与垫片，两者最大差别在于铰链杯的造型，由于玻璃仅能开圆孔，因此铰链的铰链杯为圆形。它在转折曲臂处可做不同程度的弯曲，让玻璃门可依弯曲度数做不同角度的开启。另外，在臂身上做缓冲设计，避免发生闭门时大力回弹碰撞的情况。

玻璃门五金

摄影：江建勋

种类 2 · 玻璃对墙的铰链／ 玻璃对玻璃的铰链

玻璃的铰链多数靠着"夹"来产生功能，房间门铰链更明显可见。玻璃对玻璃的铰链的两侧都可夹住玻璃，借由"夹"组合玻璃。玻璃对墙的铰链其中一边锁于墙面，因此锁于墙面侧为片状造型，另一边可"夹"住玻璃。通常玻璃铰链不会单独使用，因为这样的支撑点过于低，通常都会再搭配固定座，或在门边加上框共同使用，以共同强化彼此的支撑性。

门锁

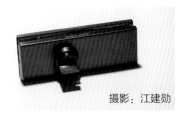

摄影：江建勋

摄影：江建勋

当门锁运用在房间门时，多会选择含有锁芯的锁具，用在淋浴间的以无锁芯的锁具居多。在形式上，有锁具结合把手的样式，另也有锁具与门把各自分开的样式，应根据需求做选择。再者，因玻璃门片本身材质的关系，锁具的造型通常都会很精简、小巧，为的就是降低突兀感。

门锁普遍配置在把手附近，但也有人为了消弭锁具的存在感，会将锁具锁于靠近天花板的门片上方，或者是接近地板的下方。位置配置没有绝对，仍要依使用者的身高、习惯等来做最终的考虑。

| 门把 |

种类 1 · 双孔门把

门把同样有单孔、双孔之分，双孔门把即有两个锁孔（另也称有两脚）的把手。一字形是最常见的形式，再对其做造型上的衍生与变化。

摄影：江建勋

种类 2 · 单孔门把

单孔门把即为单孔锁的把手，通常多为圆形或球状造型。同样是从球体再延伸做造型、外观上的变化，此外会加入不同材质共同呈现。

摄影：江建勋

| 门闩 |

玻璃门的门闩与一般门闩作用相同，虽然不会让门完全锁上，但能够让门达到闭合的效果。

在安装门闩时一定会使用一些例如螺丝刀的辅助工具，要注意的是，使用时力道不要过大，才不会出现使用辅助工具把玻璃门弄坏的情况。

摄影：江建勋

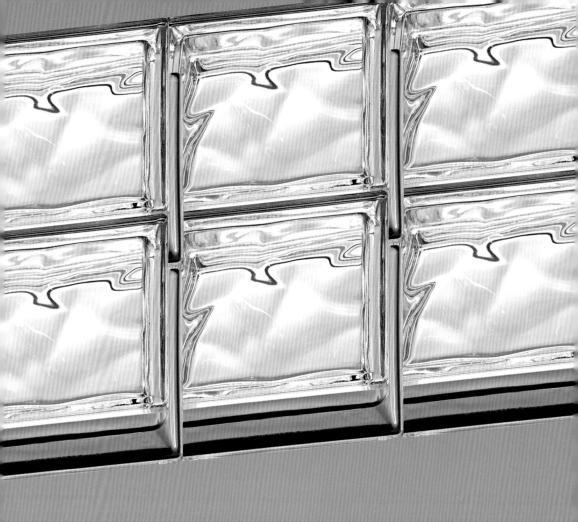

第二章
玻璃的应用设计

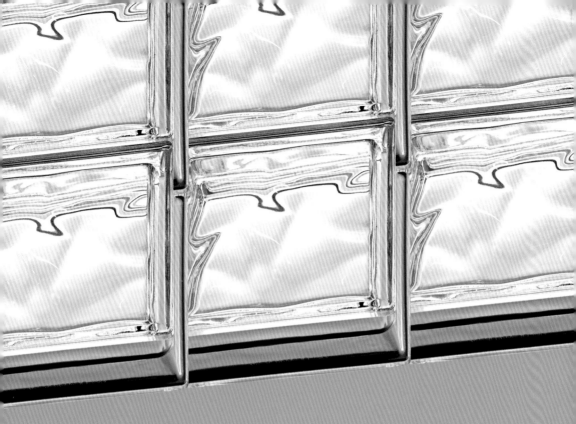

1
隔间

清玻璃是常被用作隔间材料的选择之一，它穿透性强，单价便宜，亦可夹入 PVB 制成胶合玻璃，丰富的色彩让隔间更有变化，另外玻璃砖本身即具有隔音、防水等功能。弯曲玻璃的造型更为独特，不过烧制过程更容易失败，在施工上应确认好弯曲玻璃的尺寸，再与其他工种配合。

图片提供：水相设计

隔间的玻璃比较

种类	清玻璃	玻璃砖	电控玻璃	胶合玻璃	弯曲玻璃
特色	最普及、经济效益最高的玻璃，无色，具透明感，是未经任何加工处理的平板玻璃，一般称之为清玻璃。其特性为透明、质脆、不透气，具一定硬度，主要作为建筑中的透光材料，经常使用于隔间、门、窗，具有100%的透视性	具有隔音、隔热、防水、透光等特性，不仅能营造空间，而且能提供良好的采光效果	电控玻璃墙可作为空间隔断，确保隐私，也能满足开放视野的格局需求，用电控玻璃墙取代实墙，为室内省下更多可利用的空间	利用高温高压在两片玻璃之间夹入PVB的玻璃建材，可创作出更多独特的室内风景	常见于大楼外观、楼梯扶手、大门入口、橱柜隔间等，可加工做胶合弯曲、双层弯曲等处理
挑选	应选择适当厚度，作为隔间或置物搁板，建议厚度为10mm，承载力与隔音较佳	检查平整度，观察有无气泡、夹杂物、划伤和雾斑、层状纹路等缺陷	可从省电性，是否具有100%防水不漏电的认证、紫外线阻隔率的光学性认证，以及厂商提供的保质期作为判断标准	夹膜、黏胶与制作技术是胶合玻璃质量的关键所在，直接影响使用年限	弯曲玻璃厚度增加，其最小弯曲半径要跟着增加
施工	清玻璃没有经过强化，裁切断面锐利，不小心破裂会形成锋利碎片，因此裁切时应小心避免割伤	砖与砖之间采用专用固定支架，再搭配专用填缝剂或水泥砂浆以1：3的比例去填缝	施工速度极快，且没有装潢粉尘和刺耳噪声的干扰	需要使用中性胶黏着固定	因烧制会有误差产生，应先烧好玻璃，再实际丈量精确尺寸，让其他工种量身配合

清玻璃 | 经济效益高，穿透性极佳

| **特色解析** |

清玻璃是通过浮法生产的透明玻璃，玻璃膏经控制闸门进入锡槽，由于地心引力及本身表面张力作用浮于熔锡表面，再进入制冷槽，使玻璃两面平滑均匀，波纹少。由于具有视觉穿透效果，运用于空间中有助于放大空间感，又能引导光线穿透，维持明亮性，加上单价较低，兼具经济效益，是玻璃建材当中常用于室内设计的一种。

| **挑选方式** |

清玻璃的厚度包含 3mm、4mm、5mm、6mm、8mm、10mm、12mm、15mm、19mm 等，若用于隔间，建议多加一道强化处理，建议可选择厚度 10mm 或更厚的清玻璃，在承载力、隔音效果或结构稳固性几方面都较佳。厚度 5~8mm 的清玻璃适合用来作为柜体门片，或者单纯装饰，不过最终厚度的选择仍须视尺寸大小而定。

由于清玻璃的成分当中含有氧化铁，因此玻璃呈现出带绿的色泽，在后续工序中降低玻璃中的铁含量，以去除微量的杂色，制造出更清澈透明的优白玻璃，一般清玻璃的透光率为 80%~90%，优白玻璃的透光率可达 90%（含）以上。

| 适用空间 | 隔间、门、窗

清玻璃与优白玻璃

因为清玻璃含些许的铁成分，所以从侧面看会带一点淡淡的绿，下方则是优白玻璃，在去除微量杂色及降低铁含量后，侧面就比较没有绿色的感觉。摄影：沈仲达／产品提供：台玻

茶玻璃

绿玻璃

灰玻璃

色板玻璃

由调拌适量色料的玻璃膏，以浮法玻璃生产方法制成。故添加不同色料，就产生不同的色板玻璃，如茶玻璃、灰玻璃、绿玻璃等。色板玻璃仍具透视感，但穿透效果降低，想保有适度隐秘性，可选用色板玻璃。摄影：沈仲达／产品提供：台玻

| 设计运用 |

清玻璃被广泛运用在隔间设计之中，针对较没有隐私需求的空间，例如书房、多功能休憩区、卧房内的更衣间与卫浴空间等，可通过玻璃的通透特性，改善、维持光线的穿透性且创造宽敞放大感，若想要保有弹性的私密性，只要加装卷帘、百叶窗即可解决，或与半高铁件、木作隔屏搭配，可以增加桌面与柜体。

| 施工方式 |

1. 确认隔间的玻璃厚度，再反推计算凹槽所需要的宽度。凹槽宽度要比玻璃厚度宽 1~2mm，才能将玻璃嵌入凹槽。

2. 玻璃多由硅胶黏着固定，为加强固定尺寸较大的玻璃，会在隔墙位置天花板处，制作凹槽卡住玻璃，防止脱落。

3. 隔墙转角接合处除可使用硅胶，还可利用感光胶固定。用感光胶固定，看不见胶合痕迹，收边更漂亮。另外，两片玻璃的相接处多为 90° 垂直相接，也可以 45° 接合。

清玻璃加了特殊贴膜能呈现多样的变化。图片提供：水相设计

玻璃砖 | 一道 "透心凉" 的墙

| 特色解析 |

玻璃砖是现代建筑中常见的透光建材，具有隔音、隔热、防水、透光等特性，不仅能延续空间，而且能提供良好的采光效果，成为空间设计的利器之一，它的高透光性是一般装饰材料无法相比的，光线通过漫射使房间充满温暖柔和的氛围。透明玻璃砖给人沁凉的明快感，且搭配性广，没有颜色的限制。实心玻璃砖的彩色系列可以让空间有华丽晶莹的氛围，并能搭配不同的颜色，设计出想要的空间质感。

| 挑选方式 |

当挑选玻璃砖时，主要是检查平整度，观察有无气泡、夹杂物、划伤和雾斑、层状纹路等缺陷。空心玻璃砖的外观不能有裂纹，砖体内不该有不透明的未熔物。有瑕疵的玻璃砖，在使用中会发生变形，降低玻璃的透明度、机械强度和热稳定性，工程上不宜选用，但由于玻璃是透明物体，在挑选时经过目测，通常都能鉴别出质量好坏。

基本款玻璃砖

透明玻璃砖给人沁凉的明快感，且搭配性广，没有颜色的限制。图片提供：樱王国际

在市面上，方尹萍建筑师协助春池玻璃共同开发，以回收玻璃再利用的永续理念生产出冰钻玻璃砖，玻璃块模子内层拥有立体切割面，可折射出放射状的光芒，在玻璃砖的生产过程中添加酵素成分，创造出特殊的大量气泡。进口意大利玻璃砖包括一般玻璃砖、金属涂层玻璃砖，以及造型特殊的梯形玻璃砖、表面拥有 3D 三维效果的多立克砖，甚至有适用于挑空的水平砖、颜色丰富的实心玻璃砖，不论是哪一种形式的玻璃砖，皆可因折射为空间带来柔和与朦胧感。

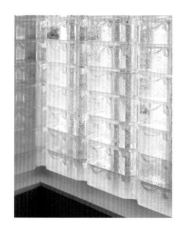

冰钻玻璃砖

在由方尹萍建筑师与春池玻璃共同研发的玻璃砖中，气泡加上立体切割面，可折射出放射状的光芒。图片提供：方尹萍建筑设计

多立克砖

获得普利兹克建筑奖的建筑师拉斐尔·莫内欧设计出仿古代罗马多立克柱式的柱头，其特色为连续环状凹槽，以 3D 效果呈现于玻璃砖表面，是世界上第一款 3D 立体造型的玻璃砖。图片提供：樱王国际

钻石砖

拥有菱形的不规则切割面，剖面高度约 20cm，是一款风格强烈的玻璃砖。图片提供：樱王国际

| 设计运用 |

玻璃砖没有风格上的限制，可与清水混凝土、红砖、石材、木作等建材搭配，皆无违和感，更可进阶在玻璃砖内结合气密窗、推开窗、方格砖、金属构件造型框搭配堆砌使用，其折射感加上优美的透明度，反而可增加视觉上的美感。

| 适用空间 | 隔间、装饰墙
| 计价方式 | 以块计价（不含施工）
| 产地来源 | 中国、意大利、捷克

| 施工方式 |

1. 冰钻玻璃砖在设计时已做好上凸下凹的形式，施工时仅需一块一块叠砖，在玻璃砖块体中间预留好圆形开孔，当墙体超过150cm，可加上不锈钢棒，增加结构，最后再以硅胶填缝。由于每块冰钻玻璃砖的气泡不全然一致，叠砖前可于现场试排。

2. 意大利进口玻璃砖的常见做法是在砖与砖之间采用专用的固定支架，再搭配专用的填缝剂或水泥砂浆，以1：3的比例去填缝。

3. 单一开口的砌砖面积不建议超过15m²，不建议连续砌筑3m，需根据各地区的整体评估标准去检验抗风压及耐震性等。

于台北大直的英迪格酒店，为知名建筑师姚仁喜设计，利用实心玻璃砖设的柱面与屋檐形成三角形意象，呼应建筑语汇。图片提供：樱王国际

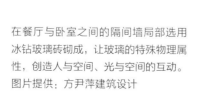

在餐厅与卧室之间的隔间墙局部选用冰钻玻璃砖砌成，让玻璃的特殊物理属性，创造人与空间、光与空间的互动。图片提供：方尹萍建筑设计

电控玻璃 | 智能调光的轻隔断

| 特色解析 |

喜欢开放视野的空间感，但偶尔也想多些隐私性，难道一个空间就只能有一种隔间表情吗？这是不少业主在空间规划时遇到的两难问题，也是电控玻璃的研发初衷。电控智能调光玻璃是通过智能电控的方式，让玻璃隔间可在瞬间从透明切换到白雾，提供兼顾隐私与美感的空间，亦可轻松取代传统隔间墙、窗帘、百叶窗。与坊间许多贴膜式的工法不同，电控智能调光玻璃是直接在两片玻璃中间，以夹层方式将光学液晶体导电膜植入，采用胶囊式封装胶合技术制成，因此安全、耐用，且具有防水、不漏电等优点，即使安装于浴室及厨房等潮湿空间也没问题，而且无时效性，是一种永久建材。

| 挑选方式 |

电控玻璃在未通电时玻璃内的液晶分子不规则散布，因此为白雾状态，通电后液晶分子整齐排列，光线可顺利穿透，玻璃转为透明。因此，只需切换开关的瞬间就可以改变墙面的通透感。如何挑选优质的电控玻璃产品？专业的电控玻璃品牌雷明盾创新玻璃建议大家在选购时不妨从以下原则来判断。

1. 省电性。

2.100% 防水不漏电的认证。

3. 紫外线阻隔率的光学性认证。

4. 厂商所提供的保质期。

| 种　　类 |

市面上还有一种与电控智能调光玻璃类似的产品，就是直贴式的电控调光玻璃膜，同样具有可通电调光的功能，但是这类产品在浴室、厨房等潮湿环境中，恐有贴膜分离，甚至漏电问题产生，在清洁保养时要格外小心，避免因擦拭造成刮损，或施工不慎会有气泡现象，最重要的是直贴式的电控调光玻璃膜属于耗材，局部损坏就需要换新。因此，若预算许可，还是以永久耐用的胶囊式液晶体导电膜电控智能调光玻璃为上选。

| 适用空间 | 壁面、投影墙、白板墙

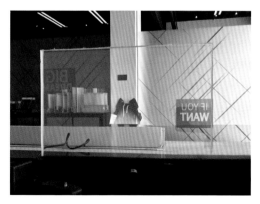 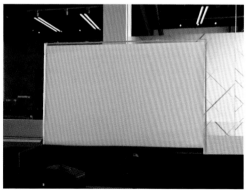

只需切换开关，就能让玻璃从通透到隐蔽。图片提供：台炜有限公司雷明盾创新玻璃

电控玻璃可以放大空间感，引光入室，给空间提供通透性，紫外线阻隔率 ≥ 99%。图片提供：台炜有限公司雷明盾创新玻璃

| 设计运用 |

电控玻璃可快速变换隔间的隐私与开放性，对于有多功能需求的会议室、医疗诊所等空间，电控玻璃可谓相当适合。另外，在空间有限的小房间、小浴室等场所，能一房多用也很适合。而针对采光不佳的空间，电控玻璃可减少实墙阻挡，避免自然采光受阻，并能放大空间视觉。当然，电控玻璃墙还可作为背投影，作为办公室的会议简报墙，或作为投影大屏幕使用。如家人有过敏体质，可用电控玻璃取代窗帘，减少尘螨。

用电控玻璃做隔间，施工速度极快，且没有装潢粉尘和刺耳噪声的干扰，也省去了贴瓷砖等杂七杂八的费用，玻璃材质更加节省墙壁空间，让室内空间更宽敞，又充满高科技生活的美感。电控玻璃的施工安装作业流程大约如下：

确定用电线路→丈量尺寸→仔细检查线路→清理沟槽→安装玻璃→接通电线及测试→清理墙面→防震垫层作业→硅胶固定作业→测试遥控与触控的智能调光效果→清理现场→清洁玻璃。

电控玻璃未通电时呈现白雾状，提供空间隐私美学，通电后为透明墙，适合各种住宅及商业室内隔间，也可做背投影及白板墙。图片提供：台炜有限公司雷明盾创新玻璃

胶合玻璃 | 美观、功能齐备的泛用"三明治"建材

| 特色解析 |

胶合玻璃指的是利用高温高压在两片玻璃之中夹入 PVB 的玻璃建材。由于技术进步，胶合玻璃的制作就如同制作"三明治"一样，外侧"面包体"可随性选择各种厚度的清玻璃、喷砂玻璃、彩色玻璃、镜面等，而"内馅"更是五花八门，包括光膜、色膜、金属、铁纱、宣纸、布料等，都可以纳入考虑，创作出更多独特的室内风景。

| 挑选方式 |

胶合玻璃最怕中间渗水，空气进去导致胶膜脱落、夹材变质，这样整体隔间、门片就得拆除重来，无法补救，所以夹膜、黏胶与制作技术是胶合玻璃质量的关键所在，直接影响使用年限。好的胶可防水，具备高透明度，可在户外使用，所以要慎选玻璃厂商，保障自身权益。

现在能通过选择各类造型平板玻璃内的色膜、宣纸、金属等不同材质，让隔间、门窗拥有更多设计变化，是其他建材无可取代的。摄影：沈仲达／产品提供：台玻

| **设计运用** |

因为胶合玻璃的两片玻璃皆紧密附着于强韧、黏性佳的薄膜上，所以被击破时碎片不会飞溅四散，可以保障日常使用的安全性。同时因夹膜的关系，胶合玻璃同时具备隔音与阻隔紫外线的功能。此外，可通过两片玻璃的变化，与中间夹膜、材质巧妙组合搭配，再与各式建材配合，满足设计需求。

| **施工方式** |

1. 在胶合玻璃施工安装时需要使用中性胶黏着固定，绝不可以接触酸性胶，原因是酸性胶会腐蚀胶合玻璃中间的夹膜胶，破坏其黏性，导致玻璃与中间介质分离、变质。
2. 当胶合玻璃用于户外采光罩时，最基础的 5mm+5mm 清玻璃胶合已经具备相当重量，在搬运施工时至少需要两位师傅，因此建议在骨架上贴缓冲泡绵，避免玻璃直接与金属框、五金接触。

| 适用空间 | 外墙、隔间、门窗、采光罩

可观察玻璃外观是否有裂纹、脱胶现象，同时事先询问厂商其中间膜、胶质的使用耐用性，考虑是否可作为室内建材使用。摄影：沈仲达／图片提供：安格士国际股份有限公司

弯曲玻璃 | 坚硬却柔软——抹去棱角的工艺结晶

| 特色解析 |

制作弯曲玻璃是将玻璃放置于模具上加热，随着温度升高，玻璃软化，并随着本身重量而弯曲，最后冷却成型。常用于大楼外立面、楼梯扶手、大门入口、橱柜隔间等，可加工做胶合弯曲、双层弯曲处理。受成品尺寸与设备限制，部分可做强化处理，但烧制工序越多，损坏率也会越高，需将时间与材料成本考虑进去。

| 挑选方式 |

随着弯曲玻璃的厚度增加，其最小弯曲半径也要跟着增加。板材除了要选择无气泡、无杂质的优质玻璃外，可视需求加入如清玻璃、色板玻璃、半反射玻璃、烤漆玻璃等。弯曲强化玻璃的强度可达一般弯曲玻璃的3~5倍，使用上较为安全，但会受限于厂商机台的尺寸，所以在设计制作前可询问。

烧制弯曲玻璃是以30mm×30mm铁方管作为模具，将玻璃放置在其上，于内侧加热至玻璃软化。微笑线弧度是顺弯，另外可倒过来做背弯烧制。图片提供：硬是设计

| **设计运用** |

弯曲玻璃常见于居家大型橱柜、隔间，用于引导动线，柔和视觉效果，为方正的立面边缘锐角带来更多缓冲与多变性，是木工施工以外的选择。玻璃可搭配色板、磨砂等不同款式做多元变化，令成品更加轻盈，且附带透光、透视效果，减轻大型量体带来的压迫感。

| **施工方式** |

1. 定制弯曲玻璃需先提供设计尺寸图，与厂商讨论制作的可行性与费用，因为定制造型有时会因弯曲半径、整体尺寸导致设备无法配合而不能制作。

2. 一般现场是在泥作、铁工师傅做好相关作业后才请玻璃施工者进场丈量配合制作，而弯曲玻璃的施工顺序相反，因烧制一定会有误差产生，所以先烧好玻璃，再实际丈量精确尺寸，让其他工种量身配合。

3. 每次烧出来的玻璃都会有些许不同，定制的弯曲玻璃若想做两片胶合处理，得先考虑可能出现的成品误差是否会导致无法密合，预留足够数量的成品会比较保险。

定制弯曲玻璃需先绘制设计图面，加注尺寸与弧角，与厂商进行讨论可行性。一般来说，长度在120cm内的弯曲玻璃，弧角可以较小，一旦超过180cm长度，厂商通常只接受最低半径250mm的弧面定制，因为失败率很高，所以无法保证成功。图片提供：硬是设计

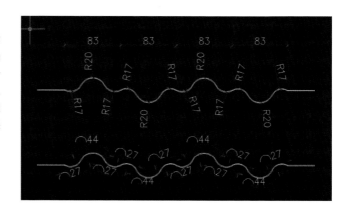

顺弯烧制方式因为加热源在内侧，所以内侧容易出现不平整的疙瘩，若是背弯烧制，会出现条纹痕迹。
图片提供：硬是设计

每次烧制出来的成品弯曲玻璃皆有
些微差异，所以在现场需等玻璃完
成后，丈量正确尺寸再行施工及相
关作业。图片提供：硬是设计

弯曲玻璃用于门片、隔间墙时，最好用木质或铁质边框搭配软垫做缓冲，避免造价不菲的曲面玻璃边角不小心受到撞击而损毁，造成日常使用上的安全隐患。图片提供：硬是设计

隔间的设计
与施工关键

玻璃隔间最大的优点是可以让视觉延伸、光线通透，隔间框架多半是以铁件或木作为主，当用玻璃制作全隔间时，可以用硅胶灌注固定，或将玻璃先嵌在天花板、地坪的沟槽里，会更为稳固，另外如采用玻璃砖，可利用整砖或混材手法收边。

○嵌 5mm 强化烤漆玻璃

○嵌 5mm 强化清玻璃

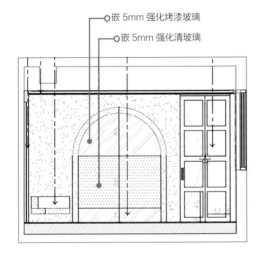

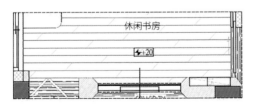

休闲书房

设计手法 1·用弧形玻璃框出甜蜜生活窗景

运用范围： 隔间

玻璃种类： 清玻璃

设计概念： 二楼为新婚夫妻二人的主要活动空间，以英国蓝为重点色搭配自然材料，营造欧洲浪漫悠闲氛围。客厅旁紧挨着的便是小书房，两个区域以木作墙面分割，融入西方的拱形元素，开出半圆形玻璃透视窗口，并巧妙利用墙面厚度导入弧形斜切面，令视觉更加立体有层次。无论从里面还是外面看，家中的景致、家人的一举一动，犹如灵动的生活画作，成为各种专属的甜蜜回忆。图片提供：一它设计 iT Design

施工关键

先于在现场制作木作墙面，在上头切割出半圆开口，嵌入 5mm 强化清玻璃，接缝打硅胶固定。

设计手法 2 · 在玻璃光影中重温老宅

运用范围：隔间
玻璃种类：玻璃砖、水波纹玻璃
设计概念：摄影师屋主因为喜爱中古老屋的慢活气息，买下这套联排别墅中的一栋，且大量置入玻璃砖、水波纹玻璃、日式木窗檐与大理石斜贴地坪等老房子元素，希望能打造出融合新旧特色的摄影棚与工作场所。其中，多道玻璃砖墙与水波纹玻璃窗均具有半透明的材质特性，可为室内引入柔和质感的光线，呈现清新通透的空间氛围。图片提供：汉玥设计

施工关键

1. 玻璃砖墙在遇到转角或圆弧的角度时可选择使用半砖来拼贴，让转角弧度更为圆融细腻。

2. 水波纹玻璃搭配日式木窗檐的设计可创造一种年代感，更符合屋主喜欢的老宅韵味。

○ 转角可用半砖来拼贴

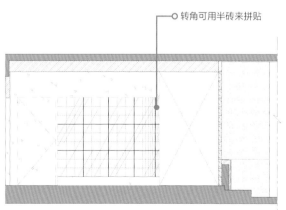
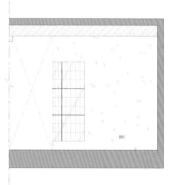

设计手法 3 · 隐约创造层次与空间感

运用范围：隔间、拉门

玻璃种类：灰色玻璃、灰色镜面

设计概念：为了改善原本封闭的餐厨空间，设计师先拆除隔间墙，并将中岛重塑，改成开放式的客餐厅格局，同时利用灰色玻璃取代实墙，让玄关与厨房之间呈现隐约可见的视觉效果。至于吧台后方的门片则以灰色镜面做装饰，让热炒厨房内的冰箱、工作台面等区域的景象被适度遮掩。图片提供：尚艺室内设计

施工关键

1. 为了呈现大面积穿透的视觉效果并减少干扰，选择以纤细铁件作为玻璃支撑架构，除可提供足够的强度，质感也更细致。

2. 在玄关面采用隐约可透视的灰色玻璃，热炒厨房区则改用灰色镜面，两者同样具有反射效果，却因材质不同更有层次感。

设计手法 4 · 隐喻东方美学的线性隔间

运用范围： 隔间

玻璃种类： 强化玻璃

设计概念： 延续主卧室的设计概念，在浴室与更衣室的隔间中以开放式格局贯通空间脉络，再通过东方美学设计语汇及现代简约元素，阐述中式混搭简约风。整个浴室运用玻璃材质的"透"反映出虚与实，当空间的媒介转化为穿透性设计时，不仅使各区域相互产生对话，也让它们从独立空间的对象，转化为整体空间的对象。图片提供：沈志忠联合设计

设计手法 5 · 让公共区域的采光能透入狭长形的更衣室

运用范围：隔间

玻璃种类：双方格玻璃

设计概念：在餐厅背墙的一面，串联两个空间，其中包含位于卧房中的狭长形更衣室。由于更衣室本身并无采光的条件，因此除了从卧室偷光以外，设计师巧妙地在餐厅墙面预留中空的缝隙，并嵌入具有透光性质的玻璃，不仅丰富立面材质的运用，使空间更加具有设计感，而且成功地让公共区域的光线透入更衣室。图片提供：两册空间制作

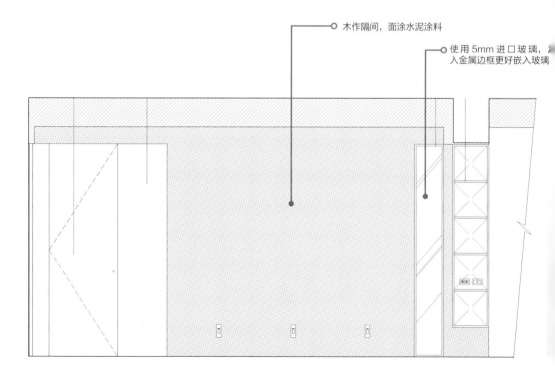

木作隔间，面涂水泥涂料

使用 5mm 进口玻璃，入金属边框更好嵌入玻璃

施工关键

1. 当挖空墙面时，在边缘加装金属边框，此手法可让玻璃的嵌入与收边工程更加简易，并且兼具美观的功能。

2. 若玻璃在施工过程中沾上油脂类脏污，可用中性清洁剂擦拭干净，而若是沾上水泥、灰浆等非油性物质，则须在其未干之前，以清水冲洗或者湿抹布清洁即可。

设计手法 6·金属混搭玻璃砖，展现利落工业风

运用范围：隔间

玻璃种类：玻璃砖

设计概念：在 100 ㎡ 的工业风住家中，大胆选用不锈钢、金色镀钛、玻璃砖与手作涂料作为室内主要面材，通过风格强烈的不同材质的混搭，赋予住家焕然一新的生活风貌。客厅主墙亦为主卧隔屏，由于是特别的全开放式设计，因此希望建材具备分量感与穿透性两种特色，最后选用经过折曲加工的不锈钢搭配两侧玻璃砖墙，给人冷静利落的视觉感受，不觉负担沉重，完美演绎层次的设计巧思。图片提供：浩室设计

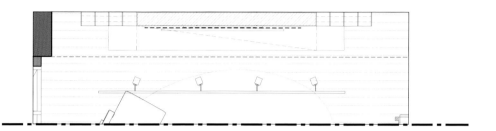

預先做好整磚計劃，再在玻璃磚兩側用包
鐵件做修飾

兩側外包鐵件做修飾

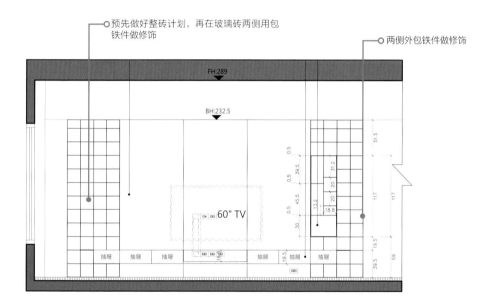

FH:289

BH:232.5

60" TV

抽屜　抽屜　抽屜　　　　　抽屜　抽屜　抽屜

施工关键

1. 选用 20cm×20cm 的玻璃砖堆砌在客厅主墙两侧，因为无法裁切，所以不能有任何尺寸误差，利用类似整砖继续施工更有保障。

2. 电视墙没有载重问题，所以这里的玻璃砖墙与不锈钢界面的连接面，皆是用硅胶胶合固定。

设计手法 7·运用多样玻璃隔间，让光无限穿透延伸

运用范围: 隔间、隔屏、门
玻璃种类: 长虹玻璃、小冰柱压花玻璃、喷砂玻璃
设计概念: 在长形的办公空间中，唯一的采光窗却位于深处，为解决阴暗无光的问题，必须将单面采光彻底发挥。此案大量运用玻璃作为主要材质，让光线可以自由穿梭于每个区域之间，搭配不同的玻璃素材，例如长虹玻璃、小冰柱压花玻璃，让立面产生丰富的变化，入口是冲孔板与喷砂玻璃的组合，保留光线并确保隐私性。图片提供: 湜湜空间设计

施工关键

放样后，铁件框架于工厂制作，再于现场焊接组装。

设计手法 8 · 粉色夹膜玻璃联结全室调性

运用范围：隔间、门

玻璃种类：粉色夹膜玻璃

设计概念：主卧室位于二楼，使用粉色夹膜玻璃圈围相邻的专属更衣间，用色调将住家其他功能区域隔空巧妙串联。其中该层以猫房为视觉核心，屋主可以轻松在每个角落透过玻璃隔间观察爱猫的各种举动。图片提供：KC design studio 均汉设计

施工关键

1. 定制的粉色玻璃隔间是由 5mm、8mm 强化夹膜玻璃围合而成的。

2. 施作时先架好玻璃隔间，再铺贴地坪，所以玻璃上、下皆有沟缝可供固定。

设计手法 9 · 共享光源与空间的亲子互动寝区

运用范围：隔间、门

玻璃种类：强化清玻璃

设计概念：在 80 ㎡ 的住家中要隔出 3 间房并不容易，考虑到小朋友年纪尚小，设计师特别于廊道留出衣物收纳空间，划分出主卧房、小孩房与游戏室，同时利用玻璃隔间的清透特性令寝区共享光源，爸妈也能充分掌握孩子的一举一动，保障其安全。日后随着年龄增长，利用设计师预留的轨道装上帘幕，随即变成 3 间独立、具隐秘性的卧房，伴随屋主成长。图片提供：诺禾空间设计

1. 在隔间装饰前上方预留 1.5cm 沟槽，将 10mm 厚的玻璃嵌入，下方打上硅胶固定。

2. 选用高度 2.4m、宽度 1.2m 的强化玻璃，既满足电梯搬运的条件，又同时尽量减少接缝。立面玻璃相邻接缝亦须薄涂 1 ~ 2mm 厚的硅胶做黏结、缓冲。

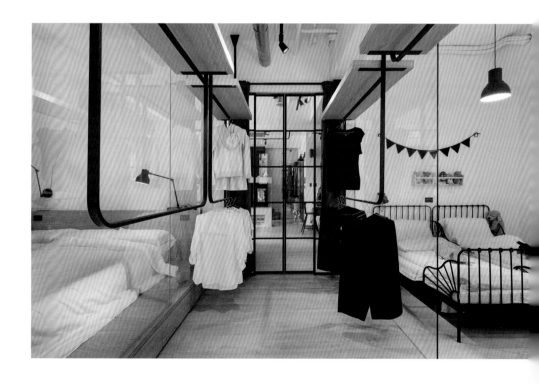

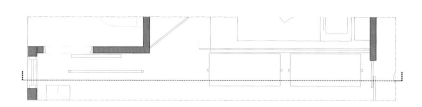

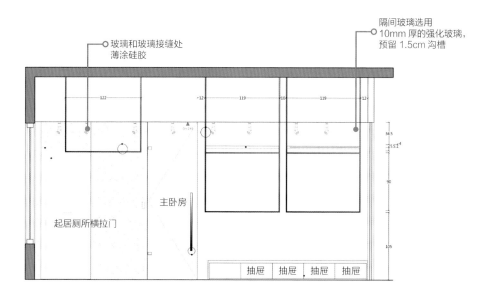

隔间玻璃选用
10mm 厚的强化玻璃，
预留 1.5cm 沟槽

玻璃和玻璃接缝处
薄涂硅胶

122   12   119   10   119   12

34.5

55.7

90

105

主卧房

起居厕所横拉门

抽屉 | 抽屉 | 抽屉 | 抽屉

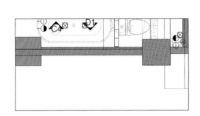

玻璃砖墙 20cm × 20cm

硅藻土墙面

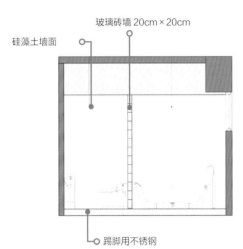

踢脚用不锈钢

设计手法 10 · 用玻璃砖背墙提高卫浴亮度

运用范围：隔间
玻璃种类：玻璃砖
设计概念：将卫浴各自独立规划，外窗设置在水汽多的湿区，干区部分的光线问题便通过玻璃砖材料予以化解，提高卫生间的亮度，同时选择雾面质感，当干湿区同时有人使用时可保护隐私。为了整砖所配置的不锈钢延伸成为踢脚，使用硅藻土作为壁面材料，更好清洁维护。图片提供：日作空间设计

施工关键

玻璃砖的厚度为 19cm，在整砖线条工整的情况下，两侧以不锈钢作为收边修饰。

设计手法 11 · 用玻璃柜体区分公私领域

施工关键

长虹玻璃的纹路有分粗细，本案选用 2mm 细纹，为空间带来别具风情的朦胧视觉感受。

运用范围：隔间柜体

玻璃种类：长虹玻璃

设计概念：以水泥灰色调贯穿全室背景，搭配各式黑色立面量体，穿插点缀温暖木纹，糅合出屋主专属的沉静优雅的生活气息。厅区展示柜体与床头背景墙作为区分公私领域的缓冲区，镶嵌细纹长虹玻璃的半穿透视觉设计，减轻实墙隔间所带来的沉重压迫感。图片提供：KC design studio 均汉设计

设计手法 12·时尚灰玻隔间具防水耐脏优点

运用范围：隔间、门
玻璃种类：灰玻璃
设计概念：在居家空间中大胆保留毛坯肌理，融入裸露模板元素，搭配仿旧木纹地坪、灰玻璃，展现工业风深沉粗犷的特殊个性，从公共领域到私密寝区风格连贯，给人强烈的视觉感受。设计师另外选用柔软的皮革作为单椅素材，搭配建筑原有的光源，刚柔并济的手法令整体画面达到巧妙平衡。
图片提供：浩室设计

施工关键

1. 灰玻墙介于主卧与卫浴之间，有受潮的可能，须做防水，这里选择以铁件做轨道，在泥作预埋骨架后做防水层，铺贴瓷砖。

2. 10mm 厚的灰玻璃属有色玻璃，选择厚度较厚的强化玻璃有助于增强稳固、安全性，且灰玻璃较不显脏，展现格调之余更方便日常使用。

设计手法 13·用黑色五金强化玻璃线条的层次

运用范围：隔间、门
玻璃种类：强化玻璃
设计概念：为了满足屋主夫妻一起淋浴的生活习惯，设计师将住宅原有的两个小卫浴间合而为一，把淋浴空间拓宽约60cm，可容纳两人同时身处其中而不显拥挤，并于两侧立面皆装设莲蓬头与放置沐浴用品的内凹壁龛，成功量身打造专属的使用区域。图片提供：诺禾空间设计

施工关键

玻璃隔间特别选用黑色旋转五金与黑色接缝胶条，强化视觉上的线条感，令简洁的沐浴空间结构更具层次变化。

设计手法 14 · 用清玻璃贴膜打造透光不透明的卫浴

运用范围：隔间、门
玻璃种类：清玻璃
设计概念：二楼为两个孩子的卧房与亲子游戏区，以透明楼板天井连接每个功能区域，在维持基本功能之余，更能掌握白天与黑夜之间的自然变化，为室内生活带来更多变化元素。与寝区相对应的是卫浴空间，运用贴覆渐层贴纸的清透玻璃隔间，成功打造透光不透明的盥洗空间。图片提供：KC design studio 均汉设计

施工关键

卫浴隔间的墙面选用 8mm 厚的强化清玻璃，于内侧贴覆渐层贴纸，保留光滑的外观触感与精致的视觉感受。

设计手法 15 · 晶透玻璃映出自然石窟美

运用范围：隔间

玻璃种类：清玻璃

设计概念：为凸显大宅的格局，将厨房、餐厅与书房视为同一开放空间，同时在书房以天然石皮建材砌出整面如岩壁般的粗犷质感，为居家空间塑造出自然石窟的主题感。然而，考虑到书房的独立使用需求，以绵延的清玻璃如结界般地画出界线，让人在视觉上不受局限，在需要时又可结合拉帘做出区隔。图片提供：尚艺室内设计

施工关键

1. 为更真实体现书房内天然石墙的质感与气势，除采用清玻璃作为隔断之外，极纤细的铁件与比例分割也是设计关键。

2. 相较于粗犷的原木餐桌与石墙，晶莹的大面玻璃墙与铜金色吊灯相映生辉，给予空间具有精致质感的反差美。

设计手法 16·猫咪止步！专供独处的玻璃书房

运用范围：隔间、门

玻璃种类：清玻璃

设计概念：当家中"猫"多势众，身为居民之一的屋主，贴心地在除了书房外的居家空间中都加入猫咪专属的立体动线，考虑它们的习性，模拟可能的路径，令其可以自由穿梭。而唯一猫足到不了的净土——书房，位于客厅沙发的后方空间，以玻璃幕墙圈围，利用错落层板作为置物墙面，空心砖桌脚搭配粗犷木作桌面打造随性阅读台面，呼应全室设计的户外休憩氛围。

图片提供：一它设计 iT Design

施工关键

住家的居住者为一个成人与三只猫，考虑到这种情况，所以选用 10mm 厚的清玻璃，采用注入硅胶于交接处的固定方式。若家中有小孩，会建议将玻璃嵌入天、地沟槽，加强稳固性。

设计手法 17 · 乱序光影中的混沌灰色世界

运用范围：隔间

玻璃种类：清玻璃

设计概念：知名游戏公司的办公室以 LOFT 风为主题，以高穿透感的清玻璃打造隔间，搭配灰色调的虚无质感，塑造出混沌未明的空间感。并将常见的日光灯管翻转设计，重新设定高低交错的角度，转化成天花板上的艺术雕塑品，搭配原有亮红色的天花消防水管，不规律的走向与线条，增添空间玩味的气息。图片提供：沈志忠联合设计

设计手法 18 · 光影通透的飘浮玻璃书房

施工关键

渐层贴膜覆于 8mm 厚的强化清玻璃的内侧，赋予书房朦胧透光的隐约视觉感受。

运用范围：隔间

玻璃种类：强化清玻璃

设计概念：公共空间采用灰、白调的清浅色拉齐平面设计，将大容量柜体自然藏于空间之中，不显突兀。位于客厅后侧的独立书房，以贴覆渐层膜的强化清玻璃作为里外区隔，建构出柔和的视觉缓冲，而非赤裸裸地尽收眼底。书桌嵌于隔间玻璃当中，打破内外界线，朦胧不落地的设计手法，令整个书房轻盈地飘浮起来。图片提供：KC design studio 均汉设计

強化清玻璃上貼覆漸層膜

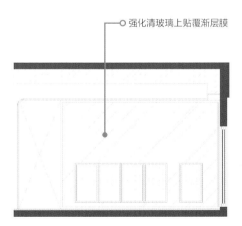

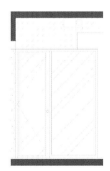

设计手法 19 · 用玻璃幕墙汲取日光的温暖

运用范围： 隔间、门
玻璃种类： 胶合玻璃
设计概念： 祖传的老屋一代代传承下来，到了曾孙辈，这幢祖宅迎来了改建重生的契机。二楼主要是年轻一辈使用的起居卧室区，以前只要走上楼梯，一定会撞梁，现在楼梯朝东，合并原有的杂物走道，同时运用大面积胶合玻璃区隔内外，建材特有的穿透性让这里每天都能迎接旭日东升，照亮全室。图片提供：一它设计 iT Design

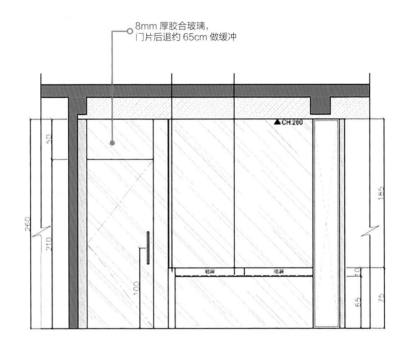

8mm 厚胶合玻璃，
门片后退约 65cm 做缓冲

▲CH 260

施工关键

1. 非门片的玻璃幕墙部分以书桌作为分隔，贴齐上下桌缘，令书桌宛若内嵌在玻璃当中。

2. 玻璃幕墙并非一字拉平，而是沿着书桌做出造形，所以门片部分后退约 65cm，为上楼开门做出玄关般的缓冲区域。

设计手法 20·玻璃幕墙结合发光薄膜，打造科幻情境

施工关键

运用范围： 隔间

玻璃种类： 清玻璃

设计概念： 在北京的 SPA 商业空间中心是头发护理区，设计师刻意抬高地面高度，并借助玻璃幕墙圈起，创造出如透明盒子体量般的效果，正上方投射均匀且相对于周围格外明亮的光源，天花结合发光薄膜映着随机洒落的叶影，形成充满科幻感的展览装置。图片提供：水相设计

1. 清玻璃为 10mm 厚，承重与隔音都较好。

2. 玻璃与天地的衔接，利用预埋的铁件凹槽嵌入，铁件深度必须是玻璃厚度的 2.5~3 倍，最后再以 EPOXY 填入。

设计手法 21·用 L 形灰色镜面放大空间尺度

施工关键

1. 在木作隔间完成后，现场丈量好玻璃尺寸，在工厂进行裁切。

2. 裁切后的镜面利用硅胶黏着于隔间上。

运用范围： 隔间立面、储物间门片
玻璃种类： 灰色镜面
设计概念： 以现代摩登风格勾勒的居家空间，在玄关入口处选用灰色镜面贴饰隔间立面，同时巧妙隐藏通往储物间的入口，并依循门片比例做立面的间距分割线条，创造入口的视觉放大效果。图片提供：相即设计

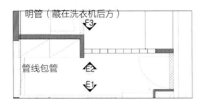

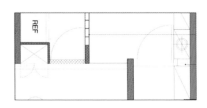

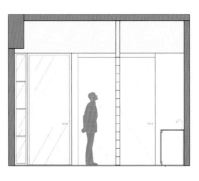

设计手法 22·用玻璃墙、落地窗共同引入舒适的日光

运用范围：隔间、落地窗

玻璃种类：玻璃砖、夹钢丝玻璃

设计概念：这间房子位于独栋别墅的三楼的增建空间，原来完全没有任何隔间，设计师依据日光与屋子朝向重新配置格局，将玄关规划于南面的屋后，并在玄关和家事工作间的中央，设置雾面夹钢丝玻璃，引入南面的日光。而在厨房与玄关之间，则透过一面玻璃砖墙，以全透明带波纹的样式，让光线可完全漫射到玄关，波纹又能稍微降低厨房背景的清晰度，借助玻璃砖墙的墙体厚度给人带来稳定与安心感。图片提供：日作空间设计

施工关键

1. 夹钢丝玻璃的两片玻璃，其中朝向洗晒间的玻璃为光滑面，面向室内的为雾面，可遮挡洗晒衣服的状态，夹钢丝处理给人带来安全感，并隐喻界定半户外的空间属性。

2. 在每一块玻璃砖中间植入钢筋，确保结构体的稳固性，最后再以硅胶填缝。

设计手法 23 · 油烟不四溢的透明厨房

运用范围：隔间、拉门
玻璃种类：长虹玻璃、强化清玻璃
设计概念：黑铁轨道结合圆弧形强化清玻璃圈围母女俩的梦想餐厨，L 形橱柜是由德国厨具品牌量身打造的，是可符合各种使用、收纳习惯，以及厨具尺寸的硬件空间，陶瓷的薄荷绿烤漆表面让清洁工作更加简单。由于一家四口天天下厨，加上中西混搭的烹调手法，因此设置具有视觉穿透感的拉门，拉门可视情况弹性开合、阻隔油烟。部分区块镶嵌长虹玻璃，令其兼具玄关隔屏功能。图片提供：KC design studio 均汉设计

施工关键

先施作黑铁骨架，再按照格状尺寸定制一块块 5mm 厚的强化清玻璃、长虹玻璃。

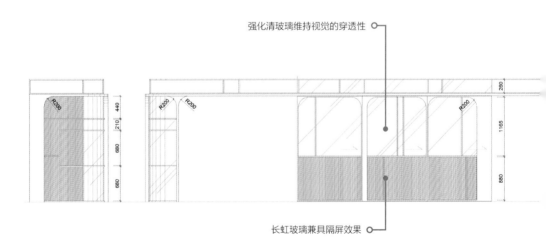

强化清玻璃维持视觉的穿透性

长虹玻璃兼具隔屏效果

2
机能装饰墙

可作为机能装饰墙的玻璃，常见的有烤漆玻璃、镜板玻璃，后者也就是大众熟悉的镜面，通常贴饰于柜体或隔间，即可让空间产生反射延伸感（氟酸玻璃具有接近钛金的反射质感），又比较不黏附指纹，很适合贴饰于柜体、壁面，而除了这两种材料，其他如清玻璃贴膜也可运用在装饰立面上。

机能装饰墙的玻璃比较

种类	烤漆玻璃	镜板玻璃	氟酸玻璃
特色	强度高，不透光，色彩选择多，同时具有清玻璃光滑易清理与耐高温的特性，因此使用范围广泛，可当作隔断、桌面的素材，亦可运用于柜门上，甚至适用于容易遇水的浴室、厨房区域	经过镀膜后玻璃即有镜子般的倒影效果，运用于空间中，可有效延伸视觉，放大空间	表面具备的反射质感有一点接近钛金的效果，价格上相对于钛金更低廉
挑选	若在意色差问题，建议可避免挑选浅色系，或者选择优白或超白烤漆玻璃，即可避免色差	可以依不同的需求配合建筑物的外观，选择多样的中间膜颜色进行搭配	可以依不同的需求配合建筑物的外观，选择多样的中间膜颜色进行搭配
施工	须先丈量插座孔、螺丝孔的位置，在开孔完成后再整片安装	不可使用酸性硅胶，因酸性硅胶会腐蚀背面镀银，让镜板玻璃发黑	须先丈量插座孔、螺丝孔的位置，在开孔完成后再整片安装

图片提供：FUGE GROUP 馥阁设计集团

烤漆玻璃 | 耐高温，易清理

| 特色解析 |

清玻璃经强化处理后，再将陶瓷漆料印刷于玻璃上，经由高温将漆料热熔于玻璃表面，从而制成稳定不褪色且色彩丰富的烤漆玻璃。烤漆玻璃比一般玻璃强度高、不透光、色彩选择多，同时具有清玻璃光滑易清理与耐高温的特性。

| 挑选方式 |

一般平板玻璃皆带有绿色，非完全透明，因此颜色较浅的烤漆玻璃，容易因玻璃的绿色对烤漆的颜色造成色差，若在意色差问题，建议可避免挑选浅色系，或者选择优白或超白烤漆玻璃，即可避免色差。一般用于厨房或浴室壁面的烤漆玻璃约为5mm厚，但如果是要作为轻隔断使用，建议选用8~10mm厚的。

单色烤漆玻璃

是经济实惠的烤漆玻璃选择，可根据空间风格挑选合适的色调，表现整体感。图片提供：安格士国际股份有限公司

| 种　　类 |

烤漆玻璃中的一种是单色烤漆玻璃，是烤漆玻璃的基本款，颜色表现单一；另外还有金葱及银葱烤漆玻璃，给单色烤漆玻璃加上金或银色的葱粉，创造出不同的光泽感；还有不规则及规则图样烤漆玻璃，这类玻璃是在玻璃的背面印刷出规则或不规则的图案后再烤漆上色，比起单色烤漆玻璃的设计感更强。

| 设计运用 |

烤漆玻璃的使用范围广泛，可当作隔断、桌面的素材，亦可运用于柜门上，甚至适用于容易遇水的浴室、厨房区域，尤其常见用于厨房壁面与炉台壁面，既能搭配收纳橱柜的颜色，增添丰富的色彩，又易于清理油烟、油渍、水渍等脏污。

| 施工方式 |

1. 烤漆玻璃安装完成后便无法再钻洞开孔，因此须先丈量插座孔、螺丝孔位置，开孔完成后再整片安装。
2. 安装于厨房壁面时，则应事先做好安装顺序规划，最好先装壁柜、烤漆玻璃，再装洗碗机、抽油烟机与水龙头。

| 适用空间 | 壁面、装饰立面

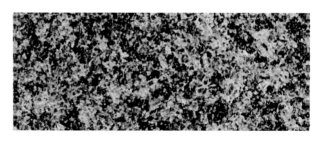

硅矿石烤漆玻璃

利用无机水性涂料喷涂于玻璃基材上，经高温烘烤硬化，呈现如花岗石般的立体纹路。图片提供：安格士国际股份有限公司

镜板玻璃 | 具有反射特性，可放大空间

| 特色解析 |

镜板玻璃是在一般玻璃背面镀上银膜、铜膜，经由两层防水保护漆等三重加工程序制成，并根据在不同颜色的玻璃上镀膜而有其差异。经过镀膜后玻璃即有镜子的倒影效果，运用于空间中，可有效延伸视觉，放大空间。随着玻璃产品制作工艺的进步，镜板玻璃有走向立体化的趋势，借助更为复杂的切割工艺，将玻璃切割成类似立体钻石般的成品，为消费者提供更多不同的选择。

| 挑选方式 |

镜板玻璃的清透感可以达到反射放大空间的感觉，且干净的线条与材质独有的光泽感，能勾勒出利落的轮廓样貌，镜板玻璃除了有 3mm 厚的明镜外，其他都是用 5mm 厚的光玻璃去做成其他镜面的效果，所以其他的镜面玻璃都是 5mm 厚以上的。若使用于浴室，建议选择防蚀镜，可增加使用年限。

| 种　　类 |

如在透明的无色玻璃、茶玻璃、黑玻璃背面镀膜，即分别为灰镜、茶镜、墨镜，灰镜、茶镜、墨镜最大的好处就在于具有普通镜面的折射效果，又因偏暖色调，可平衡空间的冰冷感，让空间调性看来更趋和谐。

明镜拉大卫浴空间的比例，让空间有更加开阔的效果。图片提供：湜湜空间设计

| 设计运用 |

可依空间风格需求，挑选不同颜色的镜板玻璃，不只可丰富空间元素，也能营造不同的空间氛围。天花板使用镜板玻璃装饰，可通过反射制造拉长空间高度的效果。另外，虽然运用镜板玻璃可以达到空间放大的效果，但为了避免人影反射造成惊吓等问题，需慎选明镜的使用范围，或利用墨镜、茶镜、灰镜等材质替代。

| 施工方式 |

1. 不可使用酸性硅胶，因酸性硅胶会腐蚀背面镀银，让镜板玻璃发黑。

2. 建议使用水平仪测量水平状况，同时注意在施工时壁面一定要够平、够硬，才能支撑玻璃，确保安全性。

3. 若贴饰为天花板装饰材料，须同时使用硅胶和快干胶，快干胶可瞬间快速黏着，才能避免在等待硅胶干燥时面材掉落，最安全的做法是以支架顶住，直到硅胶完全干燥。

4. 在镜板玻璃上装设灯具时，玻璃必须配合灯具底座开孔，在开孔时必须要确定固定灯座的接触面是在木作上，如此才能确保当灯具受外力时，不会被挤压，造成镜板玻璃破裂。

氟酸玻璃 | 具有雾面效果，带出空间质感

| 特色解析 |

所谓氟酸玻璃，顾名思义即是将玻璃做氟酸处理，其最大的特色在于当玻璃经过酸蚀这道工序后，可以将反射度降低，亦可以减少指纹的黏附。由于氟酸玻璃表面所具备的反射质感有一点接近钛金的效果，但价格上相对于钛金来说更低廉，若预算有限，而又想增加空间的深度，或想替空间增添些许立面质感，氟酸玻璃是一项不错的选择。

| 挑选方式 |

一般的其他玻璃（如强化玻璃），可能拿来做隔间结构材料，因此市面上才会衍生出不同厚度的玻璃款式。而氟酸玻璃多半只用来作为表面材料，因此相对不会出现不同厚度的样式，多半常见的厚度为 5mm。

设计团队将氟酸玻璃作为电视墙的立面材料，其本身带点雾面的质感，经光线照射后又呈现出不一样的效果。图片提供：工一设计 One Work Design

| 设计运用 |

氟酸玻璃因本身属于玻璃材料，考虑其特性，最合适的运用是作为立面材料，凭其特色为柜体、墙壁等立面做装点，展现不同的味道。值得注意的是，因本身是玻璃，运用在台面时要留意可能产生刮伤的风险。另外，不少人会将玻璃运用在天花板上，做局部性的装饰，此时一定要留意其结构是否稳固，一旦施工出现问题，仍有可能出现掉落破裂的问题。

| 适用空间 | 柜体、墙面

| 施工方式 |

1. 氟酸玻璃在黏附时同样是以硅胶作为黏合材料，在玻璃背后涂上硅胶并均匀黏附便可。
2. 若同时粘贴多面，那么在黏附后仍要留意玻璃之间的高度是否对齐，一定要留意水平线部分。
3. 黏附时若有需要做转角处理，这部分与正常玻璃的处理方式相同，以导角 45° 去做衔接即可。

机能装饰墙的
设计
与施工关键

装饰墙包含柜体、扶手、展示的墙面等，楼梯栏杆以玻璃面材取代传统扶手，可减少线条的繁复，视觉通透性也更完整，在施工上多用硅胶黏附底材并做收边，但如果设计中有结合铁件、镜面材料，建议选用中性硅胶。

设计手法 1 · 以玻璃作为展墙，使图文呈现悬浮效果

运用范围： 展墙

玻璃种类： 建材玻璃

设计概念： 有别于一般展览以木作墙作为展示图文的立面，为了充分展现轻盈感，空间中的展墙皆改以玻璃呈现，玻璃展墙仰赖底部加装的边框以及与其结合为一体的木作展示桌来稳固重心。以特殊的印制方法将图文黏附于玻璃上，刻意将字体设定于 200~250cm 的高度，造就文字与图像悬浮于空间的幻视感，加深观者对于玻璃的材质特性，以及可多元运用的印象。图片提供：格式展策

施工关键

在设计初期，便需要预想好展墙放置的位置，并予以标示，记得给硅胶预留缝隙，以利于稳固。

设计手法 2·零界限跃层，视野超开阔

运用范围：楼梯扶手

玻璃种类：强化玻璃

设计概念：此案为大面积的跃层户型，并以"人、空间及光线融为一体"作为设计主题，打造出开阔感十足的家。设计师借助玻璃材质的运用让楼层之间的界限消失，除了使跃层更显高挑，光线也可自由地流淌其间，让室内也能有拥抱户外的自然光，而且室内、外界限变得暧昧，有别于传统设计的泾渭分明，创造更加开阔的空间感。图片提供：沈志忠联合设计

设计手法 3·用原创黑玻璃橱柜化解局促感

运用范围： 柜体

玻璃种类： 黑玻璃

设计概念： 为突破狭长餐厨空间的局限感，在界定空间视野及性质的操作上，选择以原创且轻盈的柜体、餐桌来定义空间与其范围，企图化解体量于居家空间中的视觉压迫性。另外，选择以黑玻璃材质构成柜体，其反射效果可使空间更加开阔，也符合使用者的独特品位与材质特殊性，产生人、形体、空间在生活中互相牵动的密切关系。图片提供：沈志忠联合设计

设计手法 4 · 低调质感的茶玻璃衣柜

运用范围： 衣柜门

玻璃种类： 茶玻璃

设计概念： 在充满都会气息的睡寝空间中，灯带圈围居中的软和床被，为休憩区域带来足够而温柔的照明。一旁的茶玻璃衣柜令衣物、配件朦胧低调地收纳其中，半透视特性不仅能适度分享空间感与光源，也方便屋主在找寻衣物时能轻松锁定目标。图片提供：一它设计 iT Design

施工关键

从寝区通往卫浴的走道狭小，又需提供坐下梳妆、挑选衣物的空间，因此体积最大的衣柜量体以 5mm 厚茶玻璃结合铁件制作，并做横拉开启设计，减少门片开合时受到阻挡的困扰。

设计手法 5 · 在灰镜木格栅中隐藏的小心机

施工关键

1. 木格栅主墙内除了有木条、铁件、石材，还要加入灰镜的穿插设计，不同材质的运用增加工法难度。

2. 木格栅结合灰镜的设计须注意倒影的画面，灰镜材质让画面若隐若现，避免过于突兀的视觉效果。

运用范围：电视墙

玻璃种类：灰镜、清玻璃

设计概念：客厅电视主墙后方为楼梯与开放式厨房两个不同区域，为了维持楼梯后的穿透性，又能达到厨房局部被遮掩的效果，电视主墙以木格栅作为主题，但在左半楼梯侧采用穿视设计。至于靠近餐厅的另半侧则以灰镜填补木格栅之间的空隙，呈现客厅的反射影像，细腻的手法让主墙整体画面一致，若不细看，难以察觉左右侧的差异性。图片提供：尚艺室内设计

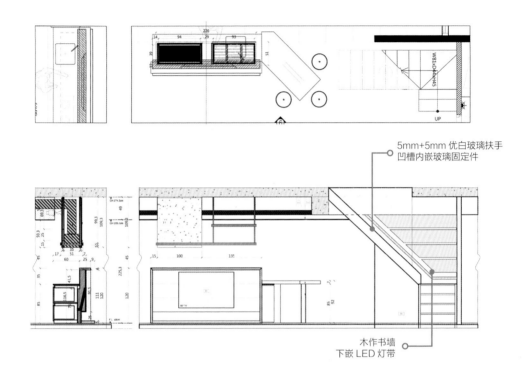

5mm+5mm 优白玻璃扶手
凹槽内嵌玻璃固定件

木作书墙
下嵌 LED 灯带

设计手法 6·用清玻璃扶手诠释空间的通透性

运用范围：扶手

玻璃种类：优白玻璃

设计概念：重新将格局做了一番整顿，改善采光是关键，有别于一般楼梯扶手的做法，直接以大片玻璃设计，并特别选用优白款式，少了带绿的质感，更为清透纯净，漫射而出的光影更为美丽。利用线条状 LED 光源做出灯带，作为动线及安全上的引导，兼具夜灯的作用。图片提供：日作空间设计

设计手法7·玻璃砖立面，清透又保护隐私

运用范围：隔屏
玻璃种类：玻璃砖
设计概念：由于业主喜欢开阔的空间感，却又不想进门被望穿整个室内，因此在玄关入口处，设计师特别选用可透光不透视的玻璃砖作为立面隔屏的主要材料，搭配比玻璃更不透明的空心砖，保有客厅区域的私密性。通往二楼的楼梯扶手则同样延续使用玻璃砖隔屏，加强宠物上下楼的安全性，同时可借助自然采光维持通透性。图片提供：湜湜空间设计

施工关键

1. 受限于玻璃砖与空心砖的制式规格，底部利用混凝土的高度，好让上方砖材可维持整砖的设计。

2. 空心砖与玻璃砖的侧面一样以铁件作为收边。

设计手法 8 · 用黑玻璃、镜面创造通透延伸感

运用范围： 楼梯栏杆、楼板侧边
玻璃种类： 镜板玻璃、黑玻璃
设计概念： 为维持独栋建筑的挑高空间感受，楼梯栏杆以铁件与黑玻璃打造而成，黑玻璃可让空间维持通透感，又同时赋予安全感。落地窗面外层则于窗帘盒高度加了一道贴饰镜面的横向结构，通过反射屋内景致，巧妙消弭楼板的厚度。
图片提供： 相即设计

施工关键

在铁件栏杆上下预留凹槽，以便玻璃嵌入固定。

设计手法 9 · 玻璃的光之隧道

运用范围： 主视觉墙

玻璃种类： 长虹玻璃

设计概念： 在思考该展览的主视觉墙时，希望能跳脱以往以平面输出的方式，试图扣紧玻璃艺术展的主题，因此设计了可让观者行走于其中的玻璃隧道，给甫入展场的观者提供更丰富的感官体验。长虹玻璃特有的直条纹路，在偏冷调的光线的照射与催化下，让隧道中的人影产生如同残影、具有拖曳感的动态变化，这样的设计不仅使这里成为热门的拍照景点，也能让人一目了然该展览的宗旨。图片提供：格式展策

施工关键

由于长虹玻璃嵌于以木作制成的长方形盒子中，因此在计算尺寸时需要绝对的精准，以免发生无法嵌入或者松脱的情况。

设计手法 10·宛如艺术装置的发光玻璃座椅

运用范围：座椅

玻璃种类：强化玻璃

设计概念：此为坐落于北京的商业空间，包含中医诊疗、SPA 护理、检测等项目。为扭转人们对中医环境的刻板印象，以艺术策展概念铺陈的"凝结的时光展"为设计思维起点，入门等候区通过长形玻璃盒提供座椅、光影氛围等功能。甚至加入以苔藓为主素材的装饰，如云朵飘浮般，塑造出如艺术装置般的效果，巧妙地嵌入雾面磨砂亚克力隔屏，让透视效果有不同的层次感。图片提供：水相设计

施工关键

1. 考虑到结构性，清玻璃厚度为 12mm，并经过强化处理。

2. 在长形玻璃盒安装前先在底部地坪上预留照明点位。

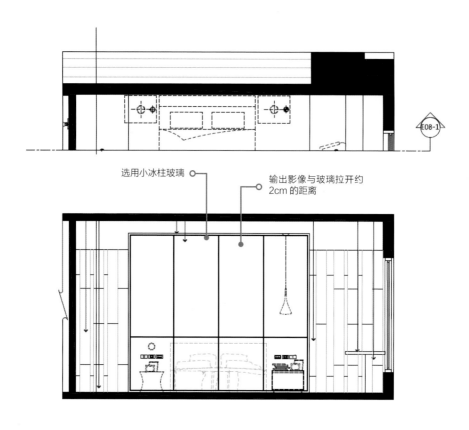

选用小冰柱玻璃

输出影像与玻璃拉开约
2cm 的距离

E08-1

设计手法 11·迷雾森林中的小木屋窗景

运用范围：床头主墙

玻璃种类：小冰柱玻璃

设计概念：屋主想帮孩子打造更亲近自然的生活，因此居家设计以露营为主题，且将森林小木屋的设计思维带入主卧室。设计师以自己前往在太平山拍的森林照片做大图输出，搭配小冰柱玻璃隔屏放在床头，让人在室内犹如置身山屋，感受被林荫与浓雾包围，尤其当人走动时，玻璃与照片因为视角差距仿佛也在移动，充分展现森林意境。

图片提供：尚艺室内设计

1. 刻意将原本拍好的照片以计算机做模糊化后制处理，呈现出迷雾感，可让玻璃窗后方的森林影像更加逼真。

2. 为使森林画面与室内拉出距离感，在施工时将输出影像与玻璃之间拉开约 2cm 的距离，使视角产生差距，画面更鲜活。

设计手法 12·雾面白板玻璃，让墙面可涂鸦、可投影

运用范围：涂鸦墙

玻璃种类：白板玻璃

设计概念：餐厅区域既是用餐，同时也整合阅读、钢琴区，日后兼作小朋友的家教空间，因此在一侧墙面上用白板玻璃装饰。由于须兼具投影效果，再者也希望降低玻璃的光泽，因此特别选用雾面材质，看似宛如一面稍微带有光泽的素雅壁面。玻璃内侧还加装铁板，可使用强力磁铁吸附。图片提供：日作空间设计

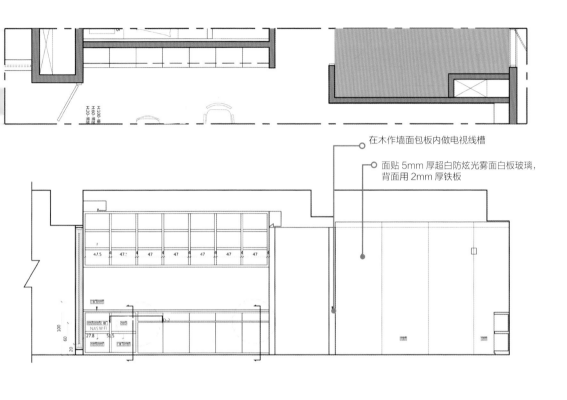

在木作墙面包板内做电视线槽

面贴 5mm 厚超白防炫光雾面白板玻璃,
背面用 2mm 厚铁板

设计手法 13・海棠花玻璃结合做旧杉木板，创造神秘感

运用范围：装饰隔屏

玻璃种类：海棠花玻璃

设计概念：设计师利用铁件与海棠花玻璃营造些许的乡村风，刻意在与天花板之间留有部分空隙，展现不同的层次感，底下再搭配染白做旧的杉木板，将两种材质巧妙结合。装饰隔屏背后是两间厕所的入口，设计师运用海棠花玻璃透光不透影的特性，为人来人往的餐厅走道增添神秘感。图片提供：开物设计

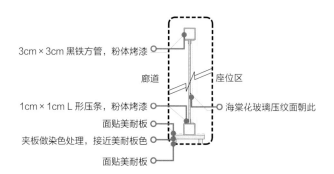

3cm×3cm 黑铁方管，粉体烤漆

廊道　　　　　　　　座位区

1cm×1cm L 形压条，粉体烤漆　　　　　海棠化玻璃压纹面朝此

面贴美耐板

夹板做染色处理，接近美耐板色

面贴美耐板

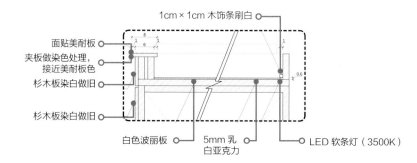

1cm×1cm 木饰条刷白

面贴美耐板

夹板做染色处理，接近美耐板色

杉木板染白做旧

杉木板染白做旧

白色波丽板　　　5mm 乳白亚克力　　　LED 软条灯（3500K）

施工关键

1. 黑铁以粉体烤漆的方式做成白色，将铁架藏在天花板内，最后上玻璃，天花板加上底下的杉木板柜体足够支撑装饰隔屏。

2. 玻璃上可看见手牵手的霓虹灯，却看不到灯具的电线，原因在于设计师为了让装饰隔屏的整体视觉更加精致，将电线藏在粉体烤漆的黑铁钢管中。

设计手法 14·反射让小环境变得明亮起来

运用范围：电视墙

玻璃种类：氟酸玻璃

设计概念：本案电视墙面后方有一个暗门，在考虑门的承重性问题后，选择相对轻量的材料作为表面材料。除了在电视墙使用氟酸玻璃外，也在鞋柜使用相同的材料，好让立面的视觉感有不同向度的延伸。由于氟酸玻璃本身带有一点镜子的反射感，因此在朝光的鞋柜面同样运用该材料，可以在白天反射户外的光线，玄关通过光线的照射，整体变得明亮起来。图片提供：工一设计One Work Design

施工关键

1. 氟酸玻璃与烤漆玻璃的施工方法相同，先在玻璃背面均匀涂上硅胶。

2. 将玻璃放置在黏附面上，用力按压粘贴并再确认贴合度是否密合，同时修整每片玻璃的高度，让水平线整齐。

设计手法 15 · 镜板玻璃交叠创造无限延伸感

运用范围：品牌视觉隔屏

玻璃种类：镜板玻璃、半反射玻璃

设计概念：该项目为科技办公空间，在迎宾入口处以无限反射的霓虹灯作为开端，木作框架内以一层镜面、双层霓虹灯，再加上外层的半反射玻璃，创造出指引延伸的效果，以及光影交叠的空间。图片提供：相即设计

设计手法 16·12mm 清玻璃扶手强化安全性

运用范围：楼梯扶手

玻璃种类：清玻璃

设计概念：展场以特殊双面亚克力光墙连通上下楼层，在不规则方格中展示各品牌的风貌，方便访客在上下移动时自然浏览欣赏。一旁运用透明清玻璃作为楼梯扶手的材料，使其成为隐形的存在，并保障现场安全，主要目的是为了减少多余的线条，避免破坏纵轴画面。图片提供：KC design studio 均汉设计

施工关键

1. 为了减少扶手的接缝，使用大面积一体成型的清玻璃，选用 12mm 厚度的，强化安全性。

2. 玻璃扶手主要固定于楼梯侧边，运用五金内嵌于楼梯体量当中。

设计手法 17 · 用多种玻璃与照明创造丰富的光影效果

运用范围： 隔屏、隔间、门

玻璃种类： 茶色玻璃、夹纱玻璃、黑玻璃

设计概念： 特意选用夹纱玻璃作为隔断，配上前端天花板的灯光投射，创造出犹如灯箱般的视觉效果，门片则采用黑玻璃，关灯时无法透视储藏室内的景象，可稍微遮挡凌乱，最前端的镂空隔屏改以茶玻璃与铁件的搭配，使空间立面有层次的变化。图片提供：相即设计

施工关键

夹纱玻璃隔间选用 5mm+5mm 的厚度，隔屏的茶色玻璃则是 8mm 厚度的，并以铁件作为结构支撑。

设计手法 18 · 给宝贝们安全的涂鸦空间

运用范围： 涂鸦墙、拉门

玻璃种类： 烤漆玻璃、清玻璃

设计概念： 在设计方案确定后，女主人公布了家中即将加入第三个小宝贝的喜讯，所以在空间配置上需考虑人数增加带来的问题，并要强调孩子们活动的安全性。在餐桌旁规划放置约150cm高的烤漆玻璃，是专门留给小朋友的绘图、交流的空间，方便妈妈在做家务的空档可以透过镂空中岛、玻璃拉门掌握他们的一举一动。图片提供：一它设计 iT Design

施工关键

1. 因为小朋友年龄不一，画画时或站或坐，周遭还有绘图工具散落，烤漆涂鸦墙面最好规划在家中动线的"非主干道"上。

2. 烤漆玻璃须贴在完全平整的水泥墙面上，才能稳固不脱落，若不考虑用泥作修整立面，亦可于下方垫木打底，再行铺贴烤漆玻璃。

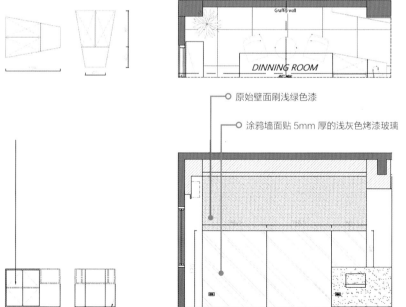

○ 原始壁面刷浅绿色漆

○ 涂鸦墙面贴 5mm 厚的浅灰色烤漆玻璃

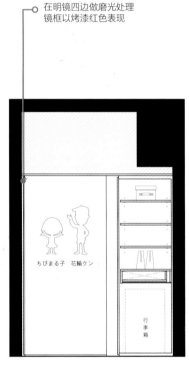

在明镜四边做磨光处理
镜框以烤漆红色表现

设计手法 19·用大尺度穿衣镜延展空间感

运用范围： 穿衣镜

玻璃种类： 明镜

设计概念： 考虑到空间格局属于细长形结构，特意将穿衣镜规划于玄关区域，避开入口直视墙面，选择于侧墙上装设，放大尺寸比例，能延展空间尺度，并降低走道的冗长感。由于女主人非常喜爱日本卡通人物樱桃小丸子，镜框特意选用烤漆红色木头，巧妙做出呼应。图片提供：FUGE GROUP 馥阁设计集团

施工关键

由于玄关属于干区，不会有水汽的问题，明镜可直接以硅胶贴覆于壁面。在明镜四边做磨光处理，以平衡烤漆红色镜框的表现。

设计手法 20 · 分割镜面延续拼贴语汇

运用范围： 浴室镜面

玻璃种类： 茶镜、明镜

设计概念： 以茶镜和明镜拼贴出大大小小的镜子，延续整体空间的拼贴语汇，在浴室壁柜上用茶镜拼贴出层次美感，让厕所镜面不只有照镜子的作用，同时也将收纳柜体与镜面巧妙结合，增加收纳空间。底部连接不同材质——大理石，瞬间提升厕所的质感。图片提供：开物设计

施工关键

1. 在厕所一般是站着照镜子，通常会让镜子中心离地 160~165cm，或浴室镜的下沿距离地面不要低于 135cm。

2. 要以立体架构来思考厕所的收纳，例如洗脸台下方、门后、壁面，或立体镜箱，增加更多收纳空间。

设计手法 21·用烤漆玻璃电视墙平衡整体色调

施工关键

将 5mm 厚的烤漆玻璃贴覆于底板，结合下方不锈钢底座，打造沉稳利落的电视墙体量。

运用范围： 电视墙

玻璃种类： 烤漆玻璃

设计概念： 客厅展示间以天花板、壁面、多人座沙发等大片的白色基调铺陈清爽静谧氛围，同时选用深色超耐磨地坪稳定视觉重心，深灰烤漆玻璃电视墙与之相互呼应，赋予空间更多的层次变化。图片提供：KC design studio 均汉设计

设计手法 22·不规则拼贴影像的虚实光影效果

运用范围：隔屏、电视墙

玻璃种类：压花玻璃、清玻璃、烤漆玻璃

设计概念：在玄关入口利用清玻璃、压花玻璃制作出一道隔屏，有如拼布概念般的比例分割，加上不同种类玻璃，让光影、通透性产生丰富的变化。电视墙立面则选用烤漆玻璃，半墙高度让孩子们可以涂鸦，也好清洁擦拭。图片提供：相即设计

设计手法 23 · 玻璃砖与空心砖，不只留住光也展现屋主个性

运用范围：玄关隔屏

玻璃种类：玻璃砖

设计概念：在 92.4m² 的住宅空间中，考虑到屋主对于空间的接受度较高，也期待有别于制式化的设计，希望光线能予以保留，设计师重新调整格局，拆除原始入口的实墙，选用与整体风格一致调性的玻璃砖作为隔屏，用格纹图腾带出活泼感，同时穿插使用空心砖，让入口立面别具个性与特色，可以维持光线穿透、视觉延伸的效果，镂空空心砖未来还能用于展示屋主收藏的小公仔模型。图片提供：湜湜空间设计

设计手法 24 · 细致的线条为烤漆玻璃增添变化性

运用范围：厨房壁面
玻璃种类：烤漆玻璃
设计概念：烤漆玻璃的优点是可以依据空间风格，定制协调的颜色互相搭配。在现代感的家居设计中，根据一旁的灰镜立面定制了具有铁灰色质感的烤漆玻璃。更特别的是，在烤漆之前做了防腐蚀处理，烤漆玻璃上拥有三道细致的线条，增添了变化性。图片提供：相即设计

施工关键

1. 烤漆玻璃先在工厂做防腐蚀处理，再运送至现场贴饰。

2. 一样以硅胶为黏着剂。

设计手法 25 · 以镜面营造大空间视觉感

运用范围：镜面内墙
玻璃种类：镜面
设计概念：该项目为寿司店，由于面积并非特别大，因此设计师特别利用镜面反射周遭影像与光线，创造空间延伸、模糊空间界限的效果，在空间的吧台旁用长条状的镜面黏附在墙上，镜面反射的影像能隐藏墙面，令人误以为墙面后方仍有一大片空间，巧妙营造空间的视觉。图片提供：开物设计

设计手法 26·超大比例穿衣镜让家变身摄影棚

运用范围： 穿衣镜

玻璃种类： 明镜

设计概念： 此间住宅坐落于一楼，由于女主人从事服饰相关的工作，经常有在家拍摄穿搭衣服的需求，希望家中每个角落都能取景，于是在入口处，设计师便规划了超大比例的穿衣镜。而在穿衣镜后方隐藏了电表箱，为了让电表箱日后维修更便利，镜子可从侧边完全拉开，拉开至客厅区域又可反射不同的景致，巧妙增加拍摄的背景。图片提供：FUGE GROUP 馥阁设计集团

施工关键

1. 因为天花上方没有多余空间，于是选择运用侧轨道方式施作，才能完全将镜子拉出来。

2. 利用铁片修饰轨道破口，同时铁片也可作为细框把手。

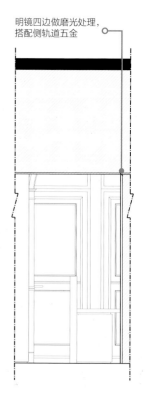

明镜四边做磨光处理，搭配侧轨道五金

设计手法 27 · 渐层贴膜兼具通透与隐私感

施工关键

在白色铁件框架上预留玻璃凹槽，嵌入玻璃后再以硅胶固定。

运用范围：隔屏
玻璃种类：清玻璃
设计概念：在牙医诊所的诊疗区中，为了兼顾隐私感与空间的通透感，以清玻璃贴饰渐层贴膜的做法，创造出从雾面到清透的视觉感受，且在施工上更有效率。图片提供：相即设计

设计手法 28 · 轻盈感十足的喷砂玻璃书墙

运用范围：书墙

玻璃种类：喷砂玻璃

设计概念：住家为单面采光，为了兼顾玄关采光、遮蔽性与充足收纳等考虑，设计师拆除临窗处的实体隔墙，将空间设定为书房，特别选用透光不透明的喷砂玻璃书墙作为两个功能场域的分界。书墙主要由 5mm 厚的白色铁件与 5mm 厚的弧形喷砂玻璃组合而成，搭配下方木作底，打造朦胧又清透的双重视觉感受。图片提供：KC design studio 均汉设计

设计手法 29 · 用定制镜面整合门片，让设计更利落

运用范围：梳妆镜、穿衣镜
玻璃种类：明镜
设计概念：为了避免镜子因门片开启而被切割，将穿衣镜整合于门片中，镜子侧边即是衣柜把手，加上格局的配置，穿衣镜同时能反射后方的梳妆镜，空间有被延伸放大的效果。梳妆镜的设计是出于女主人对樱桃小丸子的喜爱，以铁件搭配定制玻璃，人照镜子时能正好映照出小丸子的脸形，诙谐有趣。图片提供：FUGE GROUP 馥阁设计集团

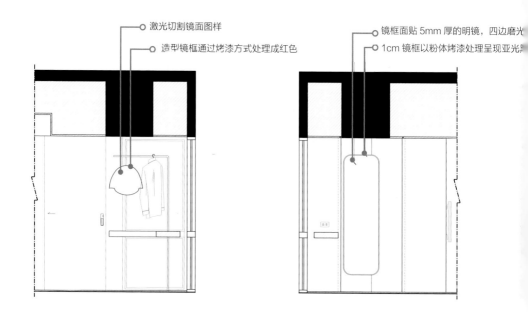

○ 激光切割镜面图样

○ 造型镜框通过烤漆方式处理成红色

○ 镜框面贴 5mm 厚的明镜，四边磨光

○ 1cm 镜框以粉体烤漆处理呈现亚光黑

设计手法 30 · 黑铁与玻璃折射光影

运用范围： 隔屏

玻璃种类： 长虹玻璃

设计概念： 在以复古粗犷风格为主题的住宅中，玄关即是客厅，设计师利用黑铁框架搭配长虹玻璃，细细的纹理可折射出过滤景象，透光度又很高，可达到半遮蔽与穿透光线的双重作用，加上不规则的分割比例，让立面多了丰富的层次变化。图片提供：日作空间设计

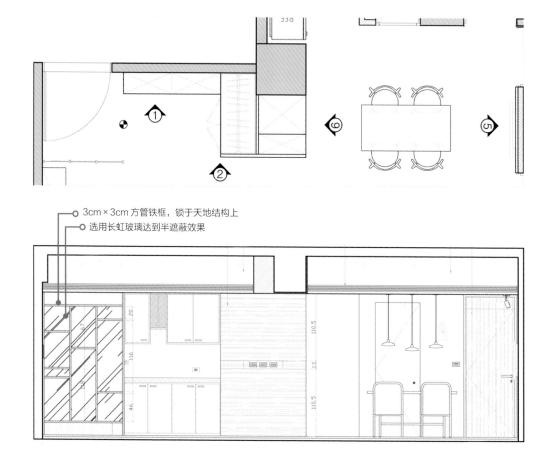

○ 3cm×3cm 方管铁框，锁于天地结构上
○ 选用长虹玻璃达到半遮蔽效果

施工关键

1. 隔屏由铁件构成，外框为粗铁框，内部的分割线条则是以实心铁件做出细腻质感。

2. 铁框以五金配件锁于天地结构上，加强稳固性。

3
门

玻璃门片被广泛运用于住宅中，近来常见的是压花玻璃，压花玻璃的雕刻花纹选择多，具有透光不透影的特性，可以区隔空间，又不会过于封闭。另外像喷砂玻璃，隐蔽性更佳，光线会变得更柔和。

门的玻璃比较

种类	夹纱玻璃	喷砂玻璃	压花玻璃
特色	夹纱玻璃属于胶合玻璃的一种，成品不仅充满柔和的美感且容易清洁	具备透光性，又同时满足隐私需求，而且当阳光直射于喷砂玻璃上，室内光线看起来会更加柔和，呈现出朦胧的视觉美感	在视觉上会创造出透光不透影的半遮蔽效果，达到使空间不显封闭的效果
挑选	聚乙烯醇缩丁醛（PVB）树脂是增加安全性的关键，因此选购时要询问厂商胶材的耐用性	建议挑选防污或无须处理手印的种类，降低清洁的难度与时间	常见的压花玻璃款式常为单面印花、5mm厚的未强化版本，建议不要大面积使用，采用胶合方式能加强其安全性
施工	多与木作或铁件框架结合，必须预留沟槽好让玻璃能嵌入固定	现场应先就裁切尺寸、开孔位置是否正确做确认	可将花纹凸面朝向室内，让剔透的立体纹理为居家设计增添丰富的视觉感受

提供：日作空间设计

夹纱玻璃 | 朦胧多变的柔美端景

| 特色解析 |

夹纱玻璃属于胶合玻璃的一种，其制成方式是由两片透明的平板玻璃上下夹合，中央除了用来黏结的胶膜之外，还会放上不织布、纱网、宣纸等不同素材，一起进入高温窑炉内进行加温烘烤。待胶膜熔解液化，会将玻璃与素材结合再进行冷却，成品不仅充满柔和的美感，且容易清洁。此外，因玻璃中间附着强力的胶膜，即使受到冲击也不易被贯穿，且破损后碎不易飞散，具有耐震、防爆、防紫外线等特质。

| 挑选方式 |

夹纱玻璃的两大选购重点就是胶材与中间材。由于聚乙烯醇缩丁醛（PVB）树脂是增加安全性的关键，因此选购时要询问厂商胶材的耐用性。若选用特殊的胶膜，或中间材料不易加工，那么价格就会更贵。

| 种　　类 |

夹纱玻璃分为制式与定制两种。夹纱玻璃的图样非常多元化，可以依家中的设计选择合适的风格。若要自行挑选布料作为中间材料，最好要选择不具抗油抗水性能的素材，因为在高温接合的过程中，产生的水汽若被布料排斥，就无法夹在玻璃中间，但也并非每一款布料都适合胶合，因胶膜在高温接合的过程中，也有可能导致布料缩卷，或产生气泡而失败。

夹纱玻璃

虽然夹纱玻璃称为夹纱，但其实可选择各式布料，如纱、棉、麻等，甚至是金属材料，而玻璃也能更换为胶合或有色玻璃去做搭配。图片提供：安格士国际股份有限公司

主卧房内的更衣室，选择以夹纱玻璃拉门区隔空间，兼顾采光，又可避免直接看穿，即便空间凌乱也不尴尬。图片提供：相即设计

| 设计运用 |

由于夹纱玻璃半透光且具有隔音、隔热性能，除了可以运用在入门屏风、隔间墙或拉门上，兼顾采光跟隐私之外，亦可以运用在受光或受风面。此外，它具有装饰性强又容易清理的特质，也适合用来制造空间端景，不论是局部点缀或大面积铺陈，皆有利于提升空间亲切柔和的氛围。

| 适用空间 | 门、隔屏

| 施工方式 |

1. 若墙面要同时使用夹纱玻璃跟瓷砖做拼接，务必确认玻璃与瓷砖的厚度是否达到一致，或以泥作打底微调，这样拼贴出来的面才会平整。
2. 夹纱玻璃作为隔屏时多与木作或铁件框架组合，这时必须预留沟槽好让玻璃能嵌入固定，再以硅胶增加结构的稳固性。

喷砂玻璃 | 半透明雾面呈现朦胧美感

| 特色解析 |

喷砂玻璃是利用水混合金刚砂，再透过高压空气喷射的原理，将玻璃表面处理为带雾粒状的效果，这种被称为雾面玻璃，比起清玻璃来说，喷砂玻璃可以具备透光性，又同时满足视觉隐私需求。而且当阳光直射于喷砂玻璃上时，室内光线看起来会更加柔和，呈现出朦胧的视觉美感。喷砂玻璃多用作室内隔屏、装饰墙、门片等。

| 挑选方式 |

比较麻烦的是，喷砂面容易残留灰尘，所以当选用喷砂玻璃时，建议挑选防污或无须处理的种类，降低清洁的难度，减少清洁时间。喷砂面要在无泼水的地方做不粘手处理，不然会有一定的时效性，不是做过一次处理后就永久有效的。

| 种　　类 |

喷砂玻璃的做法有几种，一种是将整片清玻璃喷砂，另一种则是先在清玻璃上，以粘贴纸贴好图案，再喷砂，呈现出花纹造型，还有一种取代原有喷砂和酸蚀工艺的翡玉易洁玻璃，相较于传统喷砂玻璃，这种玻璃可以调整玻璃的透明度，触感光滑许多，更好擦拭与清洁。

| 设计运用 |

由于喷砂玻璃具备透光不透视的特性，因此很适合作为区隔空间的隔屏，例如在玄关入口穿堂处，或需要隐私又想维持通透采光的弹性起居空间，用喷砂玻璃作为隔断或拉门等，在视觉上可以增加空间的宽敞感，亦可利用清玻璃与喷砂玻璃的搭配组合，在中段区域使用喷砂玻璃，上、下为清玻璃，提升光线的穿透性。

| 施工方式 |

1. 玻璃裁切及加工大多是在工厂完成后，才运至现场安装的，因此在现场应先就裁切尺寸、开孔位置是否正确做确认。
2. 当喷砂玻璃作为隔断与拉门时，施工方法差异不大，隔间凹槽的深度建议至少留 1cm，完成后要确认是否会晃动。

| 适用空间 | 门、隔间

在阴暗无光的工作空间中，大量使用玻璃材料可达到透光性，门扇的局部运用喷砂玻璃，可满足办公会议的私密需求。图片提供：湜湜空间设计

压花玻璃 | 老建材焕发设计新风貌

| 特色解析 |

压花玻璃是用雕刻花纹的圆形滚筒滚压在玻璃表面，在不改变玻璃材质特性的前提下，于视觉创造出透光不透影的半遮蔽效果，并使区隔出的空间不显封闭。现在老屋改建风与工业风大行其道，传统常见的长虹、银波、海棠花、银霞、方格等压花款式再度受欢迎，复古素材融入全新的现代室内设计中，让人们在居家角落找回孩提时代的情怀与回忆。

| 挑选方式 |

在中国台湾，最常见的压花玻璃款式为单面印花、5mm 厚的未强化版本，建议不要大面积使用，采用胶合方式能加强其安全性。

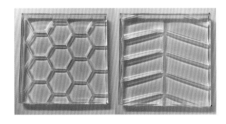

压花玻璃

最常见的为长虹、银波、海棠花、银霞、方格等花样，除了有半遮蔽的效果与透光性，独有的浓厚复古文青情调也是备受青睐的一大主因。另外还有新出现的 3D 曲面玻璃可作为选择。图片提供：安格士国际有限公司

压花玻璃自带复古风情，适合在老屋改造的空间中达到画龙点睛的效果，而其中长虹、方格等几何款式应用范围广，与黑色铁件组成"黄金搭档"，完美表现略带怀旧风情的工业风、现代风。现在市面上还出现一种 3D 曲面玻璃，是将厚度为 8mm 以上的平板、色板玻璃，利用高温通过钢模使其成型，最后通过水刀切割、强化处理，建议厚度为 10mm，这种玻璃属于定制品，价格不菲，可用于外墙、玻璃隔间。

| 适用空间 | 拉门、隔屏

长虹玻璃是目前市面上最常见的压花玻璃款式，专属的简洁复古气质，加上透光不透影特性，无论现代、复古的室内风格，都能轻松融入搭配。图片提供：浩室设计

| 施 工 方 式 |

1. 市面上压花玻璃多为单面压花，若要用在卫浴空间时，考虑到隐私问题，最好将压花纹朝外，避免纹路沾水后视觉穿透性所有提升。

2. 一般可将花纹凸面朝向室内，让剔透的立体纹理为居家设计增添丰富的视觉感受。玻璃安装后要将水泥脏污迅速擦拭干净，避免日后产生清洁问题。

门 的 设 计
与 施 工 关 键

玻璃门分成一般拉门、折门等形式，通常玻璃门的厚度是 10~12mm，若考虑安全性与结构，通常会搭配上下轨道，不过因为这样就会有既定的沟缝存在。因此近期较多施工做法是采用上轮走上轨的形式，可以减少下轨道卡灰尘的问题，也让地坪更为完整一致。

设计手法 1 · 用夹纱连动拉门引入光线与对流

运用范围：连动拉门
玻璃种类：夹纱玻璃
设计概念：由于房屋面积不大，原始餐厅十分阴暗，考虑到主卧需要隐私，客卧使用频率不高，将主卧与客卧位置对调，而这间房同时被用作瑜伽练习的场地。因此利用 4 片夹纱玻璃拉门区隔，充分引入光线，夹纱的玻璃材质让空间多了一点温暖，从餐厅看过去也不会有反光的效果，在连动拉门的内侧增加的镜面可左右推拉，方便瑜伽练习时使用，也可作为穿衣镜。图片提供：日作空间设计

施工关键

连动拉门上下皆须设置轨道，避免门片晃动。

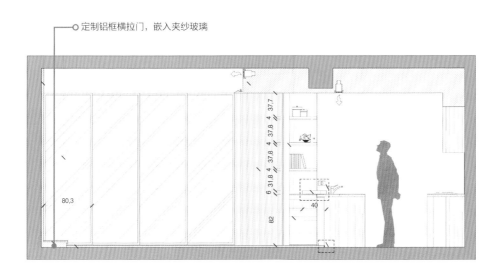

定制铝框横拉门，嵌入夹纱玻璃

37.7
4
37.8
4
37.8
4
6 31.8
82

80,3

40

设计手法 2·旋转门变变变，空间趣味多

运用范围：旋转门

玻璃种类：长虹玻璃

设计概念：为了展现大宅的气度和格局，决定在客厅与餐厨空间做开放式设计，但考虑节能与生活需求，在客厅、餐厅空间中间设计一道由 4 扇旋转门所组成的隔间墙，让空间感与空调的使用都可获得最佳解决方案。尤其 4 扇旋转门可全开、全关，以及关两侧留中间、关中间让左右形成环状动线等几种不同的变化，让客厅、餐厨空间的使用形式更灵活。图片提供：尚艺室内设计

施工关键

旋转门配合天地角链做灵活的开合设计，所以移动相当便利且安全，让屋主的居家生活更有趣。

设计手法 3 · 清水混凝土住宅中的镜面柔情

运用范围：拉门

玻璃种类：夹纱玻璃

设计概念：为了营造出屋主向往的清水混凝土质感的居家风格，设计师在材料与造型运用时尽量以简约、单纯为准则，仅用清水混凝土墙、深色地砖与黑色夹纱玻璃拉门来提升空间的纯粹度与宁谧感。其中，位于电视墙旁的夹纱玻璃拉门后方为储藏室，平日不常开启，更像是空间中的大镜面，随时间反射出自然光影，为空间增加视觉丰富性。图片提供：尚艺室内设计

施工关键

1. 夹纱玻璃是以两片清玻璃中间夹选定的布料或纸料，此案例选用夹纱玻璃来实现更精准地调控玻璃的不透明度。

2. 因为夹纱玻璃内部布料的质感不同，所以在近距离观看时拉门更有细节与反差，使极简空间更耐人寻味。

设计手法 4 · 用复古长虹玻璃拉门隔绝烹饪的油烟

运用范围: 拉门

玻璃种类: 长虹玻璃

设计概念: 半开放的大厨房与厅区,以沙发后方的石材矮墙做分隔,利用活动式复古长虹玻璃拉门弹性开合,当平时亲友欢聚一堂时,便全部开放,展现开阔的豪宅气势,分享空间与欢笑。当烹调时,则选择拉起门扉,隔绝油烟,以利于维护空气质量。图片提供: 浩室设计

施工关键

1. 餐厅拉门为 4 扇门片的设计,镶嵌 5mm 厚的细纹长虹玻璃,营造透光、复古的朦胧视觉效果。

2. 拉门选用铝制骨架,走上下轨保证稳固性。铝料能减轻载重,玻璃与门框可以在工厂组装完毕,运送至现场装上即可,现场施工流程简便。

设计手法 5·窗与光，打造零死角摄影棚

运用范围： 折叠门

玻璃种类： 清玻璃

设计概念： 为了满足业主要求——达到每个角落都能拍摄的目标，设计师以可再生重组的建筑设计概念，落实一座零死角的有机摄影棚。将阳光、植栽与陈设视为摄影棚内的基础代谢元素，并运用大量具有穿透性玻璃做成大面积落地窗，配合气候与晨昏的变化引入不可预测的自然光，并利用折叠木窗、白纱等呈现光线的多层次感。图片提供：汉玥设计

施工关键

1. 以木框镶嵌玻璃的折叠门为摄影棚注入复古而自然的质感，同时不同开合方式的折叠门提高了场景的变化性。

2. 高挑的建筑外墙采用大面积落地窗，配合白纱与百叶窗等配件，让光线透过玻璃窗，在室内创造更丰富的层次感。

设计手法 6 · 借助玻璃纹理模糊视野，打造简洁的厨房

运用范围：拉门
玻璃种类：双方格玻璃
设计概念：由于厨房通常会摆放种类繁多的厨具，较容易导致视觉紊乱。为了保持整体空间的简练风格，设计师为厨房空间设计了拉门，不希望烹饪者感觉置身于封闭的空间中。因此以玻璃材质保留适度的通透性，并选用具有纹理的款式使视线产生物化模糊的效果，让人看不清厨房内部，达到"遮瑕"的效果。图片提供：两册空间制作

施工关键

1. 通常在小面积的空间中，会采用玻璃来做轻隔断，除了因为玻璃本身较薄，占用的空间比实墙小外，这样的做法可使各空间的光线自由地流通，使视野更加明亮宽阔。

2. 若玻璃隔间为落地型，为避免碎裂，宜选用抗冲击能力较优的强化玻璃。

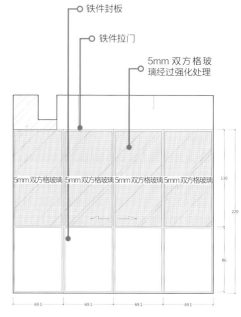

铁件封板

铁件拉门

5mm 双方格玻璃经过强化处理

5mm双方格玻璃　5mm双方格玻璃　5mm双方格玻璃　5mm双方格玻璃

130

220

86

69.1　69.1　69.1　69.1

设计手法 7・用低彩度茶玻璃衬托美式优雅氛围

施工关键

1. 木作烤漆门片以简练的线条勾勒出立体线板装饰，诠释美式语汇。

2. 在门片设计完成后，进行玻璃尺寸定制，门片内预留玻璃嵌入的沟槽，再以硅胶填缝，确保稳固性。

运用范围：折叠拉门

玻璃种类：茶玻璃

设计概念：原始跃层的一楼格局因隔墙的阻挡，隔绝了三面采光的优势与纵深感，将旧卧房隔墙拆除，客厅向内退移，客用卫浴和洗手台成为轴线，可串联客厅及客房，起居动线形成多向相连的回字结构，搭配亦墙亦门的茶玻璃拉门，让空间使用起来更灵活，而茶玻璃相对彩度低，正好能映衬净白宁静的美式氛围。图片提供：游雅清空间设计

设计手法 8 · 用折叠玻璃门隐藏生活杂乱

运用范围： 折叠门

玻璃种类： 长虹玻璃

设计概念： 从屋主夫妻俩的角度来思考小宅的空间利用，跳脱了一般公私领域既定的格局规范，选择以一道长虹玻璃折叠门让主卧与客厅的切分与连接关系更为灵活。尤其长虹玻璃因本身具有直线压纹设计，关上拉门时只透光却不透视的视觉效果，能更加确保卧室区的隐私性，即使私领域有些许杂乱也不怕被看透。图片提供：汉玥设计

施工关键

1. 折叠式玻璃拉门采用悬吊式搭配铁件设计，可完全隐藏并收折在墙柱旁，让客厅与卧室地板保持完整性，更为简约。

2. 打开拉门使卧室与客厅合并不仅放大空间感，同时屋主可以选择在床上享受包厢式电影院的娱乐效果。

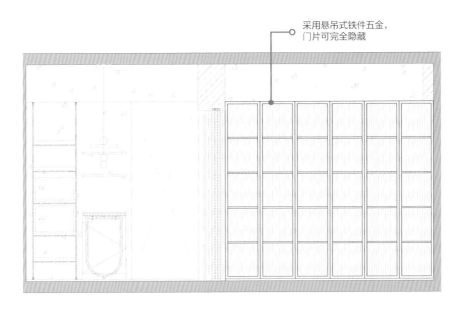

采用悬吊式铁件五金，
门片可完全隐藏

设计手法 9 · 玻璃与石材连手创造磅礴镜界

运用范围：拉门

玻璃种类：长虹玻璃

设计概念：为了满足屋主轻食与热炒不同烹调习惯的需求，除了在餐厅旁以大中岛配置做开放式厨房设计，热炒厨房也以玻璃拉门作为区隔，隔绝内部的油烟与杂乱感。通过遮盖力较佳的长虹玻璃拉门，再搭配左右深色大理石作为背衬，让中岛后方展现出镜面效果，可反映出大厅晨昏不同的光影变化。图片提供：尚艺室内设计

1. 拉门选用长虹玻璃搭配纤细铁件设计，主要是因为长虹玻璃本身具有线条美感，同时比灰玻璃更具遮掩性。

2. 长虹玻璃与光面大理石材同样都有镜面及晕染的特性，可以展现画面的一致性，让不同材质的组合更无违和感。

设计手法 10·清透、无隔阂的庭园厨房

运用范围：拉门

玻璃种类：清玻璃

设计概念：虽然在餐厅旁已设立有西式中岛厨房，但为隔开热炒油烟，设计师别出心裁地在阳台旁规划了热炒厨房，并以清玻璃门片做界定，如此做料理时也不会错过与家人的互动。同时，因为清玻璃的高穿透性，可以将厨房外与阳台上的好采光都被完整保留进室内，一旁庭园造景更给予用餐区最解压的绿意飨宴。图片提供：尚艺室内设计

施工关键

1. 由于主人的习惯很好，厨房随时都整理得很干净，因此无须担心选用清玻璃设计拉门让厨房被看透。

2. 厨房拉门采用约 8mm 厚的清玻璃搭配纤细铁件做隔离，相当清爽，平日不做料理时也可打开拉门，让室内更通风。

设计手法 11·利用玻璃开门打造多功能空间

运用范围：门、落地窗

玻璃种类：清玻璃、长虹玻璃

设计概念：偌大的中岛外厨区不以实墙作隔间，设计师反而选择玻璃开门搭配长虹玻璃，让光线能穿透整个家。平时这一区域是孩子嬉戏玩耍的地方，屋主在外厨区时也能留意孩子的一举一动，当亲朋好友需要借住一晚时，只要将藏在墙壁的收纳床放下来，就变成一间舒适的客房。图片提供：开物设计

1. 以烤漆铁件包覆的玻璃开门，不能做到太高，最高以 220cm 为限，超过会导致玻璃共振现象，须特别注意。

2. 将长虹玻璃设置在大片玻璃隔间的中央位置，让立面的比例更协调。

设计手法 12·用夹纱玻璃门延续自然元素

运用范围：拉门、天花板

玻璃种类：夹纱玻璃、灰镜玻璃、清玻璃

设计概念：久居都会的人最向往的就是远离尘嚣的自然山居，设计师除了以大面清玻璃门片引进室外的山色绿景，还在室内同样运用石材来呼应自然氛围。另外，在厨房则选用夹纱玻璃拉门来做区隔，除了可避免油烟外溢的问题，更重要的是降低视觉的干扰，并且可反映出户外的楼梯造景，展现出建筑与天地美景。图片提供：尚艺室内设计

1. 选用半透明纱帘做夹纱玻璃拉门，既可避免厨房油烟飘散室内，同时可维持餐厅简约感，但又不显得过于封闭。

2. 夹纱玻璃门片可倒映户外的山色楼景，将自然元素引入室内，搭配天花板灰镜则更显奢华感。

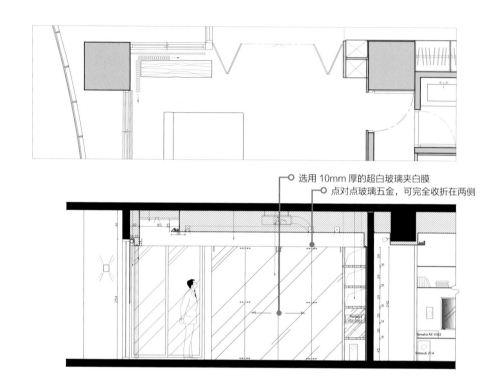

选用 10mm 厚的超白玻璃夹白膜

点对点玻璃五金，可完全收折在两侧

设计手法 13·用微透光的超白玻璃折门演绎纯粹风格

运用范围：折叠门

玻璃种类：超白玻夹白膜

设计概念：应屋主对简约风格的喜爱，整体空间以白色与木质色调为主，客厅与主卧室的过度空间规划一处休憩角落，选择超白玻璃夹白膜的折门，作为公私领域的界定划分，微微透光的质感接续着落地窗面的白纱，让立面调性和谐一致，折门亦可创造出最大的开口尺度，让空间开阔舒适。图片提供：日作空间设计

铁件拉门，烤绿色漆
嵌 5mm 厚的强化清玻

固定铁件，烤浅绿色漆，
嵌 5mm 厚的强化清玻璃

设计手法 14 · 用草绿色拉门作为厅区的弹性枢纽

运用范围： 拉门

玻璃种类： 清玻璃、格子玻璃

设计概念： 一楼厅区空间以大面强化清玻璃作为客厅与餐厨区的交界分野，除了需求弹性开阖、不受隔音干扰外，也让空调冷房更有效率。值得一提的是，固定于主墙一侧的小门片特别选用格子玻璃，是为了模糊化内侧紧邻的电话，令画面更加清爽。图片提供：一它设计 iT Design

施工关键

1. 由于位于厅区主要过道，拉门采用上轨道方式固定，避免下轨道卡污、小朋友绊跤、推车移动等困扰。

2. 拉门活动门片部分是先行打造铁制骨架，再分别加装上下两块大面 5mm 厚的强化清玻璃，最后打硅胶固定。

设计手法 15·用水纹玻璃门片区隔公私场域

运用范围：双开主卧门片
玻璃种类：水纹玻璃
设计概念：将拥有 29 年屋龄的老宅改造成单身男子的住宅，整合内部不规则格局、涂布大面积灰色，运用简约的低彩度打造充满线条层次感的舒适住家。主卧选用大面水纹玻璃做对开门片材质，从主卧借光至餐厨区，加上另一道来自客厅的光源，为无开窗的居家空间挹注暖心舒压的生活温度。图片提供：KC design studio 均汉设计

施工关键

1. 主卧采用大面积水波纹对开门片，为阴暗的餐厨区带来更多自然光源。

2. 选用具载重能力的金属冲孔板作为玻璃门片骨架，令整体视觉线条更加轻巧。

设计手法 16 · 老件木雕化为拉门把手，是门片，亦是装饰墙

运用范围：拉门

玻璃种类：清玻璃

设计概念：屋主夫妇为料理生活家，既会做菜又喜欢品酒，希望餐厨空间能宽敞，但又害怕油烟问题。因此设计师选择配置一扇大拉门作为区隔。选用清玻璃的原因是，其一是让客厅、餐厨空间达到通透的效果，其次是屋主提出期盼能保有老家镶于楼梯扶手上的雕刻木头饰品，于是设计师巧妙地将具有双面雕刻图样的木饰品变身成玻璃拉门的把手，形成如中式窗棂般的效果，而拉门推到底也可成为墙面的端景。图片提供：FUGE GROUP 馥阁设计集团

拉门框选用胡桃木皮，与木雕色调更为协调

门框嵌入 5mm 厚优白强化清玻璃

把手框加入 1.2mm 铁件，与玻璃之间另有五金衔接

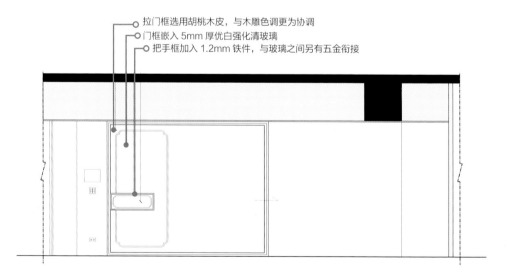

设计手法 17·黑铁符合空间调性，上下玻璃兼顾透光与隐私需求

运用范围：拉门

玻璃种类：双方格玻璃

设计概念：可收拉的玻璃门区隔了卧房与廊道，由于此屋的采光集中在卧房一侧，因此为了让光线能顺利透入公共区域，设计师决定采用玻璃作为拉门的材质，并搭配与空间清冷调性相合的黑铁。将玻璃面安排在门片的上下两处，中间则以黑铁铺面提供适当的遮掩，亦可避免将光线阻断。

图片提供：两册空间制作

施工关键

1. 由于铁件为具有弹性的材料，加上若经过烤漆的过程，有时候会导致铁件产生些微的弯曲，此时会使玻璃在嵌入时产生破裂，因此在两者嵌合之前需先检查铁件的状态。

2. 在装上拉门之前，须谨记再三检查尺寸是否正确，以免在安装结束后发现无法正常使用。

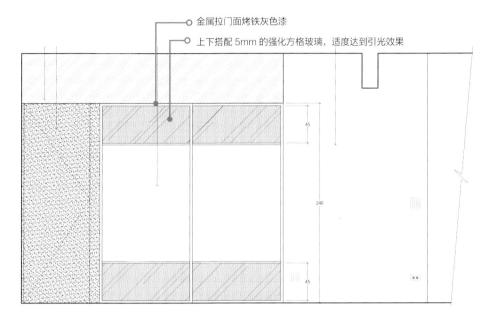

金属拉门面烤铁灰色漆

上下搭配 5mm 的强化方格玻璃，适度达到引光效果

45

240

45

设计手法 18·泼墨与水彩交叠出层次感

运用范围：拉门

玻璃种类：长虹玻璃、清玻璃

设计概念：屋主喜欢空灵禅意的空间感，设计师特别在全室采用水泥墙面与清玻璃饰品柜等设计元素来营造虚无感，而在开放的中岛餐厨区则以白格栅天花饰板、大理石中岛以及长虹玻璃拉门，围塑出中西对应的精致休闲生活质感，与其他水泥墙空间的朴素形成反差，反而成为公共区的聚焦点之一。图片提供：尚艺室内设计

施工关键

1. 长虹玻璃具有特殊凹凸直纹，可让拉门后方的厨房晕染出水墨画般的影像，与前方中岛台的水彩石纹相映成趣。

2. 除了厨房，在客厅的清玻璃柜则凸显出水泥涂料墙的朴质，呼应了虚无空灵的设计美感。

选用长虹玻璃，轨道预埋于结构内

铁件框架凸显细致质感

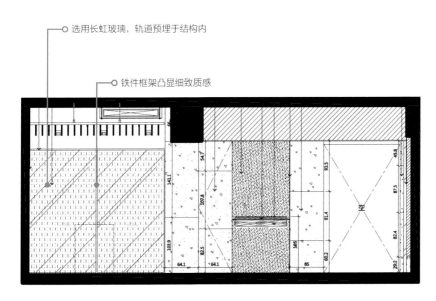

设计手法 19 · 用玻璃拉门重新定义生活空间

运用范围: 拉门

玻璃种类: 清玻璃、长虹玻璃

设计概念: 对于小宅空间来说,客厅在朋友来访时被视为公共区域,适合与餐厨区做联结、展现开放性。但是,日常只有夫妻俩人使用时却更像私人起居空间,最好能与卧室零距离互动。为了满足一个客厅、两种不同角色扮演,设计时借由客、餐厅间的玻璃拉门,以及客、卧中间的折叠门交叉运用,重新定义生活空间,满足不同情境的使用需求。

图片提供:汉玥设计

施工关键

1. 拉门以二段式异材质设计,上方清玻璃可保留最佳采光与户外城市景观,下方长虹玻璃则滤除部分客厅杂乱感。

2. 轨道式拉门可以完全收纳进墙面中,让客厅与餐厨区的联结更无隔阂。上段使用清玻璃,留住高楼景致。

上段使用清玻璃,留住高楼景致

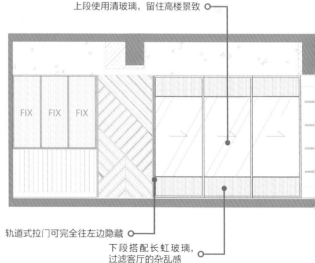

FIX　FIX　FIX

轨道式拉门可完全往左边隐藏

下段搭配长虹玻璃,过滤客厅的杂乱感

设计手法 20·隔音玻璃阻隔环境噪声的干扰

运用范围：折叠拉门

玻璃种类：双层隔音玻璃、强化清玻璃

设计概念：巷弄内老宅与邻居紧密相连，特别将室内空间内缩一米多，建筑外观铺设白色立体扩张网，打造半户外绿树阳台，自行造景，提升生活质感，更与自然气候、四季变化和谐共存。玻璃折叠门起到划分二楼阳台与室内空间的作用，采用双层隔音玻璃可降低环境噪声干扰。图片提供：KC design studio 均汉设计

施工关键

二楼阳台只以镂空扩张网作外墙，呈现半户外状态，为了阻绝雨水湿气，折叠轨道与地坪玻璃框架都需做防水处理。

设计手法 21 · 用灯光决定灰玻璃的透光程度

运用范围：柜体门片

玻璃种类：灰玻璃

设计概念：喜爱收藏漫画书与公仔的屋主，偏好日式简约风格的家居空间，如何让收藏融入空间之中，设计师巧妙选用灰玻璃材质，虽然这是一种不完全透视玻璃，然而当灯光投射时又能更通透，于是餐厅旁的玻璃展示柜，便选用灰玻璃拉门打造，内部藏射光源，夜晚时开启即可欣赏这些展示对象。图片提供：日作空间设计

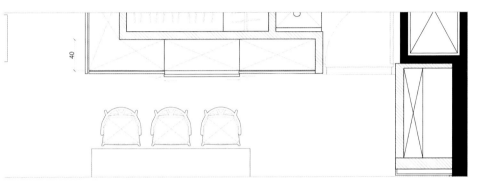

门框使用 15mm×20mm 的铁框烤黑漆
拉门玻璃是 8mm 强化灰玻璃，打开灯光才会透出展示品

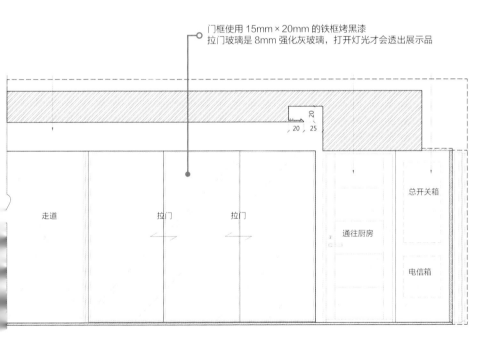

设计手法 22 · 用玻璃折门弹性敞开分享空间

运用范围：折叠拉门
玻璃种类：清玻璃
设计概念：与客厅相邻，书房可视为公共区域的空间延伸，选用折叠拉门是为了能够尽可能地开放空间，减少遮蔽隔阂。当男主人需要锻炼与办公时，可以拉上门片阻隔声音干扰，而透明玻璃门片的穿透性，除了利于避免实墙压迫感外，亦可让夫妻两人能有视线交流。图片提供：诺禾空间设计

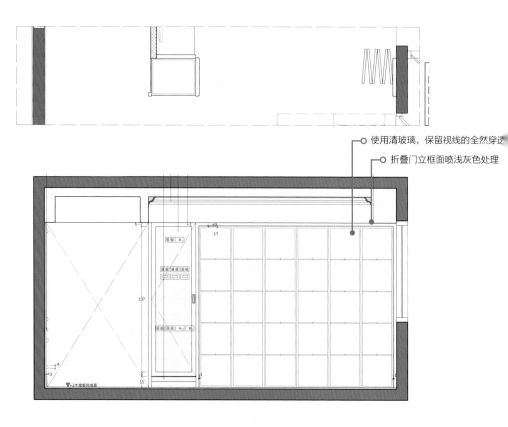

使用清玻璃，保留视线的全然穿透
折叠门立框面喷浅灰色处理

施工关键

玻璃折门由6道厚度
3.5cm 门片组合而成,
当全部收在一侧时会有
3.5cm×6 约莫21cm总
厚度。

设计手法 23·用局部透空拉门隔绝油烟，减少闷热

运用范围： 拉门

玻璃种类： 压花玻璃（小冰柱）

设计概念： 从事影像创作的屋主，希望家可以保持简单干净的样貌，但又必须纳入猫咪的需求，于是厨房拉门摒除常规的猫洞装置，而是利用细腻的黑铁框架与玻璃材质结合，下方预留猫咪走动的门洞设计，也创造出另一附加价值。当厅区开设空调，透空部分可让冷空气流入，稍微降低闷热感。图片提供：FUGE GROUP 馥阁设计集团

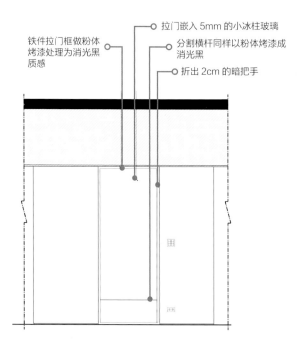

铁件拉门框做粉体烤漆处理为消光黑质感

拉门嵌入 5mm 的小冰柱玻璃

分割横杆同样以粉体烤漆成消光黑

折出 2cm 的暗把手

施工关键

1. 由于小冰柱玻璃有 240cm 的高度限制，此间新成屋为 3m 高，因此下方透空处预留约 30cm，也让猫咪能自在穿梭。

2. 选用黑铁框架，细致度好强度又够，与空间设计语汇相符。

3. 黑铁框架先制作完成，再丈量玻璃尺寸，黑铁框架内同时预留玻璃内嵌的位置，再让玻璃从后方放入，接着填硅胶，如此就能避免面对客厅的门扇被看见硅胶。

设计手法 24·保持空间的灵活与流通感，清玻璃贴膜可避免孩童撞上

运用范围： 折叠门

玻璃种类： 清玻璃贴膜

设计概念： 玻璃门十分适合作为区隔两空间的轻透材质，此门将起居室以及多功能室分隔开来，却也保留了开放性，由于多功能室平时使用频率较低，因此特意采用折叠式门片，可于收纳时最大程度地减少视线与动线的障碍。刻意在玻璃上粘贴了一层膜纸，使其呈现雾面的效果，避免孩童在嬉戏玩闹时忽略了玻璃的存在而一头撞上，此外也能让借宿的客人保有私密性。图片提供：两册空间制作

施工关键

1. 在预算不足的情况下，可尝试以镀锌材质取代铁件，镀锌材质自带花纹且不失美感，与玻璃的结合亦具有高度的实用性，防锈效果也较铁件为佳。

2. 在实际安装之前，务必将玻璃垂直置放于垫料上头，千万不可将其平放、堆叠或者承重，避免玻璃产生损伤。

选用 8mm 厚强化清玻璃贴膜呈现雾面效果

折门框架选用镀锌材质，防锈效果佳

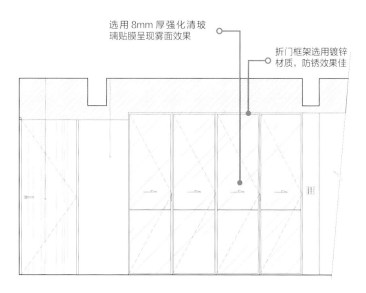

设计手法 25 · 弹性共享空间的折叠拉门

运用范围： 折叠拉门

玻璃种类： 强化清玻璃、小冰柱优白玻璃

设计概念： 近 70 ㎡的两人住家依照需求分隔出主卧、书房两房格局。书房与餐、厨区相邻，是夫妻俩人皆会频繁使用的居家生活重心区域，因此设计师在这里设置了折叠门，当折叠门开启时可将遮蔽降至最低，让两个场域平时呈现全开放状态、共享空间与光源。考虑到亲友到访时的住宿需求，书房还另外设置卧榻与布帘，以备不时之需。图片提供：诺禾空间设计

施工关键

1. 折叠门走上轨道固定，选用铝料骨架与 5mm 厚强化清玻，尽可能减轻五金载重，满足安全性与使用年限双重需求。

2. 两种玻璃直横交错使用，利用细铝本色骨架作衔接，减轻线条痕迹。

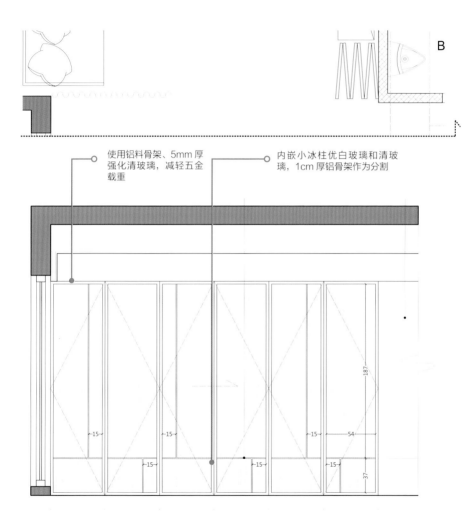

使用铝料骨架、5mm厚
强化清玻璃，减轻五金
载重

内嵌小冰柱优白玻璃和清玻
璃，1cm厚铝骨架作为分割

B

设计手法 26·用小冰柱滑门借光入室

运用范围： 拉门

玻璃种类： 小冰柱玻璃

设计概念： 由于空间仅有前后采光，但又必须划分为三间房，因此以椭圆形的概念去思考，公共客厅享有充沛光线，并将书房配置于临窗面，加上屋高达 3m 左右。为解决毗邻书房的儿童房采光问题，遂于书房的阁楼处开设一道拉门，让光线可通透至儿童房。拉门选用小冰柱样式的压花玻璃，也起到保护隐私的作用。

图片提供： FUGE GROUP 馥阁设计集团

施工关键

1. 使用滑门方式，才不会影响阁楼
   的使用空间。

2 滑门玻璃厚度约 8mm，此处配置
   上下轨道，除了考虑下方正好有夹
   层厚度结构，可顺势将下轨道埋进
   结构内，也考虑到当人站在下方要
   开启门片时，通常手的高度会在门
   片下方，同时有下轨道可让门片减
   少晃动，更为稳固安全。

铁件拉门框配置上下轨道，
减少晃动更安全

小冰柱玻璃让光线可以穿透
又起到隐蔽作用

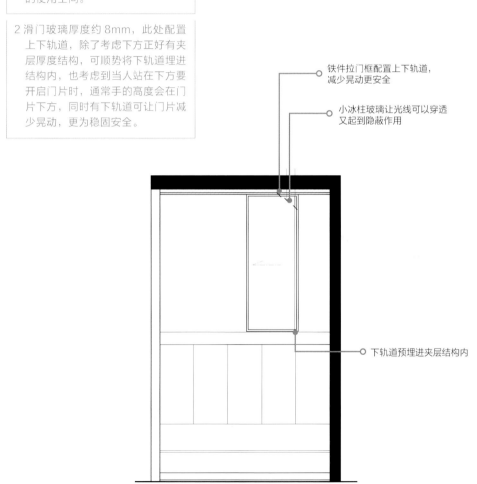

下轨道预埋进夹层结构内

设计手法 27·玻璃门扇、隔间的光影变化

运用范围：门片、隔间

玻璃种类：方格玻璃、喷砂玻璃

设计概念：在希望兼顾光线的通透与隐私性的考虑下，运用玻璃材质是最好的选择之一。更衣室选用方格玻璃折叠门扇，让人仅可感受光影而无法透视内部景象，与更衣室毗邻的客房一侧，则选用喷砂玻璃作为轻隔间，透视度更低，更具有私密性，也借由不同表情的玻璃种类，折射出光影的变化效果，此外餐桌吊灯也选用玻璃灯罩，让光成为空间的主题。图片提供：湜湜空间设计

1. 更衣室门片的左侧两扇为固定式，右侧折叠门一个往外开启、一个向内开启，向外开启时，更衣室的空间不会被门挡住，方便屋主能摊开行李箱整理。

2 开放式木作层板结构倚靠于铝框上，天地同样有角料作为主要支撑。

设计手法 28 · 用弧形灰玻璃消弭锐角，放大空间

运用范围： 折叠门、隔间
玻璃种类： 灰玻璃
设计概念： 115 ㎡ 左右的新成屋格局面临几个问题，一是廊道略长，其次是面对走廊两道墙的进出面落差过大，边角正好对着沙发。为了消弭原始格局产生的不舒适感，于是将餐厅旁的多功能房隔间以圆弧线条修饰，弧线不单单是装饰也成为空间的重心语汇，搭配灰玻璃材质，降低透视度、可遮挡房内的生活物件，弧形隔间配上折叠门而非拉门，则是争取更大尺度的开口，弱化长廊也产生宽广的视觉感。图片提供：湜湜空间设计

施工关键

1. 折叠门采用悬吊式轨道，舍弃下轨道，让地坪更为完整一致。

2. 依照现场放样制作铁件框架与玻璃尺寸，铁件框架预留沟槽放置玻璃。

3. 木作天花结构锁于真正的楼板上，并于铁件框与天花衔接处加强角料，增加结构的稳固性。

设计手法 29 · 用玻璃拉门共享光源，保障隐私

运用范围：拉门

玻璃种类：强化清玻璃

设计概念：80 ㎡住家将空间对切为公、私两个区域，以沙发旁的玻璃拉门为分隔，一边是开放式的餐、厨厅区，另一侧则为全家人的卧室区。透明的清玻璃材质可让两边光源互相共享，睡寝、换衣时则能拉上布帘保障隐私，根据不同需求弹性调整。图片提供：诺禾空间设计

施工关键

设定门片框架后，将定制的 5mm 厚强化清玻璃嵌入边框，最后再焊接格状骨架。

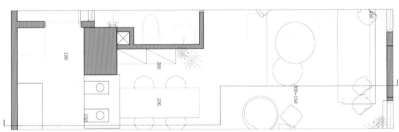

○ 格状骨架内选用 5mm 厚强化清玻璃

○ 先将玻璃嵌入边框，再焊接格子状骨架

设计手法 30·用电控玻璃智慧调整私密指数

运用范围：主卧门

玻璃种类：电控玻璃

设计概念：从未来屋主的宗教习惯出发，把小组聚会等生活作息纳入设计中，例如调整客、餐厅的位置与大小，将采光、视野最好的地方设置为大长桌餐厅等，方便人与人之间的交流，满足阅读、用餐、聚会、分组讨论各种需求。临窗处瓷砖与超耐磨地板延伸至主卧，穿透电控玻璃门片，达到串联视觉、拉阔场域的效果。图片提供：一它设计 iT Design

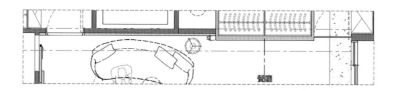

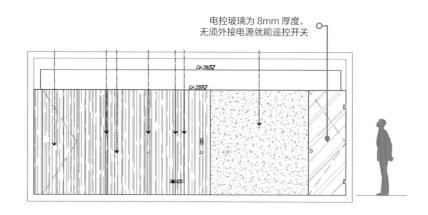

电控玻璃为 8mm 厚度，无须外接电源就能遥控开关

设计手法 31·用圆弧灰玻璃反射柔和光线

运用范围： 浴室门

玻璃种类： 灰玻璃

设计概念： 经过微调后的格局，空间皆能享受被绿意包围的优势，考虑开放式餐厨已有大面窗景看见树景，加上室内多半以白色、清玻璃材质为主，清玻璃具有延续性而非反射性，若卫浴门片再使用清玻璃，反而会过于直接。因此改以暗色灰玻璃搭配，如此一来反射出来的光线也会变得比较柔和，而灰玻璃的指纹也较不明显。图片提供：FUGE GROUP 馥阁设计集团

木作施作出圆弧造型，再将切割好的明镜贴覆

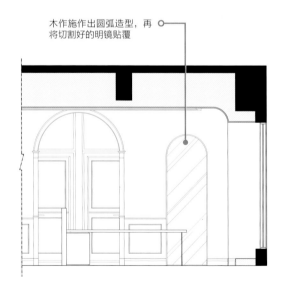

施工关键

1. 考虑卫浴空间有限，圆弧门扇采用内推隐藏门形式。

2. 圆弧玻璃须先以木框的尺寸做打样裁切，再以磨边修饰边角线条。用木材打造圆弧造型，再贴上切割好的明镜。

设计手法 32·老件软装配搭美式复古风格

运用范围：门窗

玻璃种类：清玻璃、压花玻璃、镶嵌玻璃

设计概念：刻意内缩的咖啡馆门口与吧台，营造出咖啡馆隐蔽的空间氛围，而不是一眼望穿通透到底的空间质感。业主从国外购得的古董木门片，蓝绿色向外，白色向内，与吧台木皮刻意保持粗糙涂装效果，搭配吧台上方的奶油灯和古董灯具等老件软装，让空间演绎出自然不造作的美式复古风格。图片提供：太工创作设计

施工关键

1. 不锈钢与清玻璃、压花玻璃结合，凡是90°交界面处，都是以硅胶为收边。

2. 为了与古董门片质感一致，在不锈钢上进行仿旧涂料处理，更有老旧复古的设计感。

设计手法 33 · 用水纹玻璃的朦胧视野打造透光隔屏

运用范围：拱门

玻璃种类：水纹玻璃

设计概念：不同辈人分别住在独栋别墅的各楼层，在空间规划上考虑几辈人平时可以相互交流，又能各自独立享有自己的场域。一楼联结厨房、客厅及孝亲房的交通枢纽是穿堂过道，利用三道复古欧式拱门，暗喻机能上的变换。大面积的水纹玻璃门片，令光线穿透，却不会让人一眼看透，达到朦胧视野效果。图片提供：浩室设计

施工关键

1. 与一楼风格相连贯，门片骨架采用胡桃色木纹打造，进而格状部分组装完毕，最后再内嵌 16 块 5mm 厚水纹玻璃，用硅胶固定。

2. 这里的水纹玻璃是应用艺术玻璃的单面压纹手法制成，具备透光隔屏效果，但因其无法做强化处理，使用上需格外注意安全。

4
外墙、窗

外墙、门窗的玻璃选用以安全、气密、隔音、节能为主要考虑因素，若是位于西晒面的空间，建议可选用 Low-E 玻璃，隔热效果佳也能节省空调。低楼层住宅除了可用胶合玻璃，还可选用防侵入玻璃，特别是在公寓、独栋住宅中更为适合，而风格独具的镶嵌玻璃，除了常见用作门窗，也可用作为室内隔屏。

外墙、窗的玻璃比较

种类	镶嵌玻璃	防侵入玻璃	Low-E 玻璃	U 形玻璃
特色	以多片色泽和质感相异的彩色玻璃构成，常见于教堂，多种玻璃材质可折射出独特的光影效果	将两片（或以上）的玻璃，用特殊胶膜与聚碳酸酯板材（Polycarbonate）胶合而成，其中核心材料聚碳酸酯板材具高度坚韧性、耐候性、隔热性及质量轻、可弯曲等优点	减轻反眩光公害，具备高透光、高隔热与低反射性，可容许光进入室内同时隔绝热能，冬暖夏凉	由石英砂和部分回收碎玻璃等原料制成，因其 U 形断面，较一般的平板玻璃具有更高的挠曲度与机械强度，同时具有理想的透光性
挑选	彩色玻璃烧制有高级与普通等级之别，颜色不同也会反应在价格上	注意区分玻璃中间胶合层的材质，并应了解商家是否提供产品保固，以及保固年限及内容	复层 Low-E 是节能隔热的最佳选择，胶合 Low-E 则是有较佳的隔音表现，但隔热功效较不足	用于建筑物外观，须留意 U 形玻璃的强度是否合乎标准，并确认好尺寸大小
施工	单一面镶嵌玻璃面积愈大，重量愈重，运用于户外应考虑强度与风压，可搭配金属辅助作为结构支撑	安装防侵入玻璃时需搭配同样具安全性的窗框才有保障	金属框的设计排水性要良好，避免因积水而导致玻璃变质起雾	将有侧翼的一面朝内，另一面朝外，将玻璃上下扣入沟槽内即可

图片提供：KC design studio 均汉设计

镶嵌玻璃 | 永不褪色的彩色玻璃光影艺术

| 特色解析 |

源于中古欧洲的镶嵌玻璃，是以多片色泽和质感相异的彩色玻璃，精确地依设计图裁切成形，再经过磨边、焊接、补土等繁复步骤最终制成，特别是在早期欧洲的教堂相当容易看得见。一般彩绘玻璃是普通平板玻璃经喷砂后再喷颜料，颜料经紫外线照射会褪色，而镶嵌玻璃可以历经几百年而不褪色。也因为每种颜色的玻璃烧制过程并不相同，各种彩色玻璃的纹路与质感呈现亦有分别，尤其自然光产生的折射光影使得彩色玻璃美感尤为出色，若是磨边玻璃自然光透过来甚会产生如彩虹般的光影效果，这样的透光差异也是镶嵌玻璃迷人的地方。此外，一般玻璃破裂就得整片报废了，但镶嵌玻璃是一片片组成且由铅条嵌住并固定，因此不会整片崩落，可以单独修复处理，无论实用或典藏价值兼有之。

| 挑选方式 |

对于镶嵌玻璃人们最早且最普遍的印象多与教堂有关，玻璃上的图像以圣经典故为主要内容，早期图稿形式重于几何图形，随着时代演变，定制化内容取代了传统目录图稿，题材设计融合故事性，例如个人生活经验等，并且使用方面从公共空间走向居家设计，甚至公共艺术等范畴，使得镶嵌玻璃在艺术层面愈显精致独特。而彩色玻璃烧制有高级与普通等级之别，一般而言，金属氧化物对玻璃的成色作用会因玻璃类型的不同而产生差异，多种金属氧化物若配比不同，玻璃的颜色也会不同，相应价格也会不同。

森之恋

天井本身具有绝佳自然采光的环境
条件，这幅以宫崎骏动漫画风为灵
感的森之恋，搭配透光性强的镶嵌
彩色玻璃，并加上强化玻璃保固，
随着日光角度不同，愈能显现光影
的奇特变化。图片提供：芳仕璐昂
琉璃艺术馆

| 设计运用 |

镶嵌玻璃在国外已非常广泛地运用在家居空间设计上，小至餐盘、门牌，大至推门拉门、落地窗、屏风、灯饰、壁饰、建筑外墙等。只要透光性强的地方，效果就非常好，尤其有自然采光条件的天井、窗、大门，愈能表现镶嵌玻璃的色彩光影；镶嵌玻璃若借助灯光投射，反而形同一具灯箱，让彩色玻璃少了不同的折射角度，光影变化效果不如自然光。

| 适用空间 | 门牌、建筑外墙、窗、门、室内隔屏、玄关、大门、拉门、壁饰

| 施工方式 |

1. 镶嵌玻璃的施工在于每一块彩色玻璃的周围都有 H 形铅条压抵边缘，如此所构成的图案便有条纹勾边的特殊效果；而图案愈复杂，玻璃片数愈多。

2. 在天井位置安装镶嵌玻璃时，由于彩色玻璃是一片片镶嵌组成的，所以镶嵌玻璃的前后面要用强化玻璃包覆起来，以确保耐用安全。

3. 单一面镶嵌玻璃面积愈大，重量愈重，有其延伸极限，尤其是户外空间还要考虑风压强度，在施工时可结合复合媒材延伸画面，例如利用金属辅助作为结构支撑。

4. 若是用作隔屏，流程是先将木作、铁件框架完成，再利用压条、硅胶固定镶嵌玻璃，使用压条的优点是，后续维修较为便利，不易破坏原有框架。

5. 镶嵌玻璃用作门片，最怕风压大震动造成断裂，因此建议门扇加装缓冲器，如果想要更强化，玻璃背面也可以多加一层强化玻璃，增加强度，还可以维持正面的立体图形的折射光影美感。

几荷

以抽象概念的荷花图案用在佛堂回廊设计中，由于是
3D转折形式，而非平面空间，于是结合复合媒材的
应用，先在栏杆上利用黑铁架构成型，再按照每个区
块将一片片彩色玻璃镶嵌上去。图片提供：芳仕璐昂
琉璃艺术馆

季花语

决定镶嵌玻璃之前，最好事先实地看过现场环境。
季花语的这幅窗花以公园大树作为远景，上半部使
用雾面玻璃与大量的花色图案遮掩了周边的水泥建筑，
下半部则为透明玻璃，使窗外的树叶与彩色玻璃上的
叶相呼应，巧妙地纳入背景环境。图片提供：芳仕
昂琉璃艺术馆

防侵入玻璃 | 门窗防盗新趋势

| 特色解析 |

澄澈透明的玻璃是邀大自然入室的最佳建材，但其优异穿透性能却有着安全性不足的疑虑，而防侵入玻璃便是为此而生。根据历年刑案统计，歹徒侵入住宅犯案如果超过 5min 未能入侵，放弃作案比例高达 69%，所以如何延长歹徒犯案时间就是防侵入玻璃的产品关键。防侵入玻璃是将两片（或以上）的玻璃，通过特殊胶膜与聚碳酸酯板材（Polycarbonate）胶合而成，其中核心材料聚碳酸酯板材具高度坚韧性、耐候性、隔热性及质量轻、可弯曲等优点，被认定为耐冲击强度最高的透明材，因此可使防侵入玻璃在遭遇破坏时可承受最久达 30min 不被贯穿，防盗功能更胜铁窗，让室内门窗在享受全景观开放视野时更安全。此外，防侵入玻璃具有防台风、防灾、隔热、隔音等性能。

| 挑选方式 |

很多人都会混淆胶合玻璃与防侵入玻璃。首先要注意区分玻璃中间胶合层的材质，胶合玻璃的两片玻璃中间夹的是一层 PVB 膜，它没有防盗性能，手持小型工具敲击 3~5s 即可贯穿。而防侵入玻璃是由 2 片玻璃与透明材料中耐冲击强度最高的聚碳酸酯（Polycarbonate）板材，在高温高压条件下胶合而成，其聚碳酸酯板厚度越厚，防侵入时间越长。选购时可根据自己对于防侵入强度要求来决定规格，最重要的是应了解商家是否提供产品保固，以及保固年限及内容。

防侵入玻璃可直接用于门窗或建筑外墙上。特别是针对不安装格子窗、铁窗切割视野的建筑物，只要选对玻璃就可享受无死角的全景观视野，且拥有更高的防盗性能与隔热节能效果。例如许多私人别墅、庭园景观宅或知名连锁咖啡集团，均采用大片落地窗作为建筑景观的亮点，但若因防盗考虑，给它们装上铁窗或格子窗，价值与美观将会尽失。此外，如商业空间的橱窗、精品柜甚至交通工具都可运用防侵入玻璃提供更高安全性。

强化玻璃

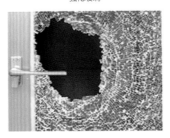

低于 1s

胶合玻璃

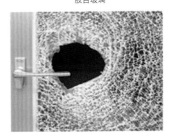

3 ~ 5s

雷明盾创新玻璃

5 ~ 30min 以上

手持小型破坏工具敲击材料对比
模拟歹徒手持小型破坏工具敲击强化玻璃、胶合玻璃与防侵入玻璃的受损状况对比。图片提供：台炜有限公司

| 适用空间 | 外墙、门窗、精品橱窗、交通工具

雷明盾 LFE-SC 防侵入 Low-E 节能玻璃

图为防侵入 Low-E 节能玻璃，其防侵入效果与中间层核心材料聚碳酸酯板材的厚薄息息相关。图片提供：台炜有限公司雷明盾创新玻璃

| 施工方式 |　防侵入玻璃在建筑类门窗中使用居多，它的安装方法与一般玻璃大同小异，并无特殊工法要求，实际施工时多半会与客户所选择的铝门窗业者配合施工。不过要提醒的是，安装防侵入玻璃时应特别要求窗框的质量，主要是因为防侵入玻璃不易被贯穿，相对的歹徒可能会由破坏窗框着手，因此需搭配同样具安全性的窗框才有保障。

私人别墅门窗因选用防侵入玻璃可享无死角全景观视野，且防侵入玻璃拥有优异防盗性能与隔热节能效果。图片提供：台炜有限公司雷明盾创新玻璃

Low-E 玻璃 |

居家的开阔视野、冬暖夏凉的关键防线

| 特色解析 |

Low-E 玻璃（Low-Emissivity glass 即低辐射玻璃），是在玻璃基板上，以真空溅镀方式将金属膜层镀在玻璃上，让产品接近玻璃原色，同时对波长 380~780nm 的可见光波段有着高透视率，可减轻反眩光公害，具备高透光、高隔热与低反射性，可容许光进入室内同时隔绝热能，让室内冬暖夏凉，所以是兼具节能、采光效果的建材。

| 挑选方式 |

市面上常被称为 Low-E 的玻璃产品通常为胶合 Low-E 与复层 Low-E。复层 Low-E 玻璃是在两片玻璃中灌入热的不良导体——干燥空气或惰性气体，以达到阻绝热对流、热传导的终极目标，因此是节能隔热的最佳选择。胶合 Low-E 没有空气层阻隔，有较佳的隔音表现，但隔热功效则较为不足。

Low-E 玻璃

具高透光性、高热阻绝性、低反射性，可使光线进入室内并有效隔热，避免传统反射玻璃的炫光公害，达到节能、适度采光的目的。摄影：沈仲达／产品提供：台玻

| 种　　类 |

Low-E 节能玻璃可依镀膜方式分为"在线式"（on-line）和"脱机式"（off-line）两种。前者利用热解程序将薄膜材料镀覆于平板玻璃上，此方式因与玻璃制成联机，所以称"在线式"。后者是以真空溅射方式，将玻璃表面溅镀多层不同材质镀膜，其中镀银层对于红外线具高反射功能，即高热阻绝。根据依膜层不同，可细分为单银、双银及三银等几种产品。"在线式"及"脱机式"镀膜均建议以复层玻璃使用才能发挥 Low-E 镀膜最佳节能效益。

| 适用空间 | 窗户、玻璃幕墙

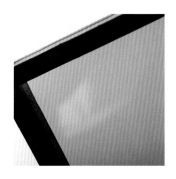

脱机镀膜又比在线镀膜性能更好，更具节能效果，且颜色选择较具多样性。摄影：沈仲达／产品提供：台玻

| 设计运用 |

大面积玻璃幕墙大楼是目前建筑主流，就是因为玻璃材质天生具备独有的透视、透光性，为了强化外墙功能，具备隔热、抗噪、节能、防眩光等诸多优点的 Low-E 节能复层玻璃应运而生。根据地处位置不同，亚热带、热带区域镀膜面安装于由建筑物外侧往内数的第 2 面可隔热；寒带区域使用镀膜面安装于第 3 面则可保温。

| 施工方式 |

1. 因 Low-E 金属镀膜接触空气容易发生化学反应、氧化，必须在极短时间内密封或加工为复层玻璃，才能发挥 Low-E 最佳效果，因为无法单片使用。
2. 金属框的设计排水性要良好，避免因积水而导致玻璃变质起雾。
3. Low-E 除了内外两片玻璃，还得加上中空层的体积，光玻璃厚度就远高于一般窗户玻璃，施工前须先了解配合窗框是否能够施工。

Low-E 复层玻璃是由两片玻璃中灌入热的不良导体——干燥空气或惰性气体，达到阻绝热对流、热传导的终极目标，是节能隔热的最佳选择。图片提供：台玻

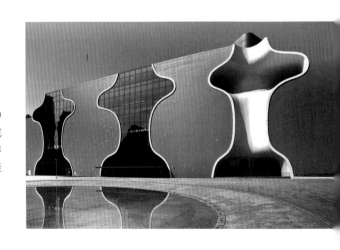

国泰置地广场

使用台玻双银低辐射复层玻璃。图片提供：
台玻

高雄中钢总部大楼

采用台玻灰色双银低辐射复层玻璃，可隔阻室外面
高雄炎热天气的热能，使室内面感觉舒适，减少室
内空调损耗。摄影：沈仲达／产品提供：台玻

台北南山广场

使用台玻单银低辐射及微反射之双镀膜复层玻璃，
以及台玻微反射胶合玻璃。图片提供：台玻

U 形玻璃 | 夜光流淌的耀眼灯塔

| 特色解析 |

将玻璃经过特殊压延，立体热轧成型，形成两边具弯形侧翼，透明条状的墙体玻璃型材，因横切面呈现 U 形轮廓而得名 U 形玻璃，又称槽型玻璃。U 形玻璃由石英砂和部分回收碎玻璃等原料制成，因其 U 形断面，较一般的平板玻璃具有更高的挠曲度与机械强度，同时具有理想的透光性、保温隔热性、较好的隔音性、施工简便等优点。本身透光但不透视的特色，运用在需要自然散射光，又需要保有隐私的场合。

| 挑选方式 |

U 形玻璃在室内室外均可安装，如果用于建筑物外观，须留意 U 形玻璃的强度是否合乎标准、尺寸大小是否合乎要求。针对安全性考虑，可挑选有细钢丝材质的 U 形玻璃，夹藏于玻璃中间的钢丝具有悬吊和防坠功能，增加安全性。此外，还可选择 Low-E 玻璃，特别是在夏季日照量充足的地方，这种玻璃可有效阻隔太阳光中的红外线辐射热能，抵挡太阳照射的热能，减少热量进入室内。冬季可有效防止室内热量散失，达到冬暖夏凉、隔热保温的效果，还可有效降低空调费用。

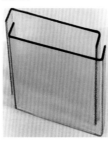

U 形玻璃

将玻璃经过轧制使其侧翼铸成 U 形轮廓而得名。图片提供：昱达国际

U 形玻璃依其表面压纹，可分成喷砂雾状、长条形、平面以及点状等多种压花；在材质上则可分为一般透明和超白玻璃。如果需要显著的隔热效果，就可以选择表面镀膜的 Low-E 玻璃，既可减少建筑因吸收太阳光产生的热能，在冬季还可以有效减少热能流失，达到保温效果。在颜色上，则可运用烤漆处理。不同的表面压纹和颜色，可以产生多层次的视觉变化，达成多变的设计效果。

U 形玻璃有着不同的表面压纹与颜色，形成不同的设计效果。图片提供：昱达国际

U 形玻璃拥有理想的柔和光线、较好的隔音性并可保护隐私，被大量应用在办公空间，图为卢森堡会议中心（CCK Conference Centre, Luxemburg）。图片提供：昱达国际

| 设计运用 |

U 形玻璃拥有相当大的设计灵活性，可以单层、双层、直立、水平、圆弧安装，当双层使用，可隔绝高达 40dB 的噪声。它替代一般的玻璃帷幕系统，被大量应用在建筑外墙与室内设计中，透光但不透视，还可筛去刺眼的阳光，让柔和的自然光引入室内，同时可保护隐私，解决过去建材给室内带来的采光不足问题。因此被广泛应用在会议室、楼梯间、停车场、楼梯间或室内隔间。当夜幕低垂，建筑内部的光穿透玻璃倾泻而出，形成耀眼的现代化外观。

| 施工方式 |

1. U 形玻璃是一种灵活且施工简便的建材，因无须使用铝框料，所以可节省大量的金属材料。

2. 突破一般平面玻璃在尺寸和跨度上的限制，在边缘将铝合金或钢制边框嵌入建筑体，典型的安装方式是将有侧翼的一面朝内，另一面朝外，将玻璃上下扣入沟槽内即可。

3. 依据需求可单层、双层对扣安装，安装工法简易，除了基本工具外，无须特殊的安装工具。

| 适用空间 | 大楼外墙、隔间、楼梯间、会议室

U 形玻璃依靠透光但不透视的特性，取代工厂原本的铁板和窗户，为建筑带来了现代化的外观。图片提供：昱达国际

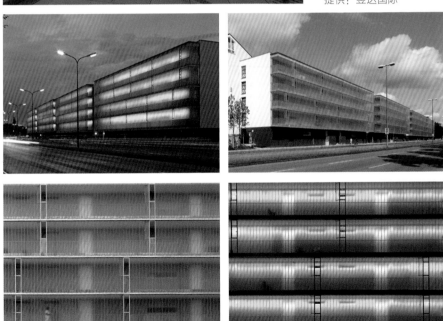

U 形玻璃在慕尼黑公寓（Innsbrucker Ring Munich, Germany）的应用实例，白天 U 形玻璃筛去刺眼的阳光，让光线进入室内；夜晚光线从建筑物透出，成为色彩丰富的亮点。图片提供：昱达国际

外墙、窗的设计与施工关键

不论选用哪种玻璃材质，窗户施工最重要的是窗框四周的防水工程，大面积外墙则是注意风压与玻璃结构性，天井也得考虑风向与下雨问题，像是留意开口比例的分配，同时留意隔热、散热问题。

设计手法 1 · 在家透过蛋型天窗看星星

运用范围：天窗
玻璃种类：胶合玻璃
设计概念：独栋别墅的三楼屋顶，拥有着一般公寓大楼住家难以达到的设计自由度。设计师将其原有屋顶改为设计感十足的单斜顶，并将天花以木材质手工打造出一个蛋型凹槽，同时于斜面开启圆形天窗为"蛋黄区"，令空间不仅为收纳放置东西的空间，更是屋主一家能轻松坐卧阅读、聊天赏星的秘密天地。图片提供：一它设计 iT Design

施工关键

处于安全、隔音等种种考虑，天窗采用 5mm+5mm 厚胶合玻璃，窗框以硅胶填实缝隙、做防水处理。

设计手法 2 · 咖啡馆橱窗，铺陈虚实掩映

运用范围：门窗
玻璃种类：清玻璃、镶嵌玻璃
设计概念：因应咖啡馆的商业空间，以橱窗手法呈现设计形式，考虑单面玻璃过于单调，加上业主从国外带回的彩绘玻璃窗，于是巧妙运用不锈钢框架，再加以嵌入彩绘玻璃，搭配清玻璃材质，赋予装饰效果。在户外大量盆景植栽掩映下，室内刻意保持暖黄灯光的幽暗情境，形塑虚实空间感。图片提供：太工创作设计

设计手法 3 · 玻璃夹百叶，不止透光还能透气

运用范围：窗

玻璃种类：双层玻璃

设计概念：为了化解主浴光线较为薄弱的问题，设计师重新规划卫浴格局，利用客浴与主浴之间开了一道窗，采用两片玻璃中间夹铝百叶的做法。随着百叶的角度调节，可弹性决定透光与私密性，外推窗的设计也让空气的流通变得更好。不仅如此，因为是内夹百叶设计，对于日常清洁又格外轻松方便。图片提供：FUGE GROUP 馥阁设计集团

施工关键

1. 有别于一般百叶为绳索操作，这里运用控制器的做法，主要由主浴控制百叶的角度。

2. 外推窗隶属于铝窗工程，铝窗架设前的防水步骤也不能忽略。

设计手法 4 · 温润质朴素材，衬托食物为重点

运用范围： 外墙

玻璃种类： 清玻璃、喷砂玻璃

设计概念： 坐落于 L 形角间的餐饮店铺，由于业主期盼能营造出简单、亲近无距离感的日式氛围，设计师将设计重点放在餐点食物上，加上施工期有限，因此设计上大量运用常见的装潢材料，如南方松、玻璃等。像是外观便以木质搭配玻璃做出立面造型，以桌板高度为分割，对应室内则安置了插座，下方局部搭配喷砂玻璃，则是为保护女性顾客，当她们穿着短裙、短裤时可更为安心。图片提供：湜湜空间设计

施工关键

1. 外墙清玻璃、喷砂玻璃选用 8mm 厚并须强化处理。

2. 木框架现场施工预留沟槽，再将玻璃嵌入填上硅胶固定。

设计手法 5 · 利用不同工法创造视觉效果

运用范围： 玻璃落地窗

玻璃种类： 强化胶合清玻璃

设计概念： 以大片落地窗作为吸引客人视觉的桥梁，引起路过的客人好奇心。落羽松木作染色夹板窗框，将强化胶合清玻璃框住，延续店内乡村风。设计师为了让立面视觉更有层次，以镀锌扩张网在落地窗上方做出拱形装饰，落地窗下方则从内部贴上 3M 细点渐层膜，解决客人在意的用餐隐私问题。图片提供：开物设计

施工关键

1. 以铁件当作稳定玻璃的中间介质，外层再包覆木材质，延续餐厅整体风格，同时增强落地窗的承受风力，底部再以硅胶收边。

2. 要拿捏玻璃与介质之间的进退距离，才能让整体立面更好看，因此设计师刻意让镀锌扩张网距离强化胶合清玻璃 4cm 左右，营造出前后层次。

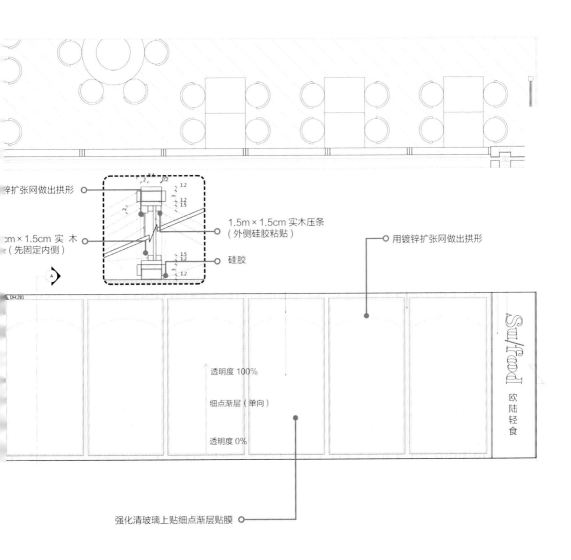

镀锌扩张网做出拱形

1.5m×1.5cm 实木压条
（外侧硅胶粘贴）

cm×1.5cm 实 木
（先固定内侧）

硅胶

用镀锌扩张网做出拱形

A

DH.281

透明度 100%

细点渐层（单向）

透明度 0%

Surf/Food

欧陆轻食

强化清玻璃上贴细点渐层贴膜

设计手法 6·三层胶合玻璃是天窗也是地面

运用范围：天窗

玻璃种类：三层胶合玻璃

设计概念：三楼为开放式的主卧空间设计，除了拥有可仰望星空、迎接阳光的天窗设计，居中更移除天花，改以三层胶合玻璃作地面，圈围出贯穿各楼层的专属透明天景，让光线层层洒落，照亮原始建筑结构的裸露水泥肌理，解决巷弄街屋的采光、闭塞问题。

图片提供：KC design studio 均汉设计

施工关键

1. 为了抓齐地面平整度，除了精准测量玻璃面积，支撑框架深度则需预留 3×10mm 强化清玻、2mm 胶合厚度与 3mm 硅胶，共约 35mm 厚度。

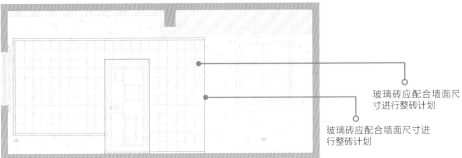

玻璃砖应配合墙面尺寸进行整砖计划

玻璃砖应配合墙面尺寸进行整砖计划

设计手法 7 · 复古风翻玩出文青风摄影棚

运用范围： 外墙

玻璃种类： 玻璃砖

设计概念： 屋主是位专业摄影师，买下这幢的独栋别墅时就是因为喜欢中古老屋特有的人文韵味，并希望将这里翻新为复合型态的工作室兼摄影棚。为了凸显老空间的温度，选择以玻璃砖、铁窗花与水泥花砖等建材作为设计语汇，其中玻璃砖外墙则是以引入光影的概念作出发，将室内打造为与自然共生共处的光影实验室，满足屋主的摄影需求。图片提供：汉玥设计

设计手法 8 · 透光 U 形玻璃提升工厂明亮度

运用范围：外墙

玻璃种类：U 形玻璃

设计概念：在民雄工业区里，一家拥有 30 年历史的专门从事饮水机生产和销售的工厂，以精致细腻为路线，创造建筑物表情，赋予建筑物生命。工厂的基地，最初是作为存储，保留建筑物整体的结构，外墙上，使用了透光但不透视的 U 形玻璃，取代了原本的铁板和窗户，从而消除了工厂黑暗的常见问题。当夜幕低垂，厂房内的灯光透过 U 形玻璃穿过，与旁边的工厂墙的丰富色彩一起，形成了现代的外观。图片提供：水相设计

施工关键

在边缘将铝合金或钢制边框嵌入建筑体后，将有侧翼的一面朝内，另一面朝外，将玻璃上下扣入沟槽内即可。

设计手法 9·为居家空间注入朦胧光线

运用范围：玻璃砖墙
玻璃种类：玻璃砖、镜面
设计概念：设计师在勘查屋况时发现建筑物本身原有的玻璃砖在下午经过阳光的折射后，光线特别美，在确定玻璃砖的状态良好后建议屋主保留这一面引进光线的玻璃砖墙。此外，这一区为外厨区，主要以轻食、色拉为主，没有油烟吸附等问题，于是设计师选用部分镜面壁柜，提升空间质感。图片提供：湜湜空间设计

设计手法 10 · 超白 U 形玻璃打造剔透外观

运用范围：外观招牌灯墙

玻璃种类：超白 U 形玻璃

设计概念：仁爱路上高楼大厦栉比鳞次，冷静剔透的超白 U 形玻璃灯墙勾勒吸睛量体轮廓，让访客留下深刻印象。纯白明亮外观呼应水的意象，与户外林荫绿道、蓝天白云相互掩映，让气势恢宏的旗舰店面展现出简约亮眼面貌。图片提供：KC design studio 均汉设计

施工关键

一般玻璃都会偏绿，这里选用 1cm 厚度超白玻璃，透光率高于 90%，表现剔透纯净的精致质感。

设计手法 11·玻璃百叶给空间带来通风兼具隐蔽性

运用范围：窗
玻璃种类：强化玻璃
设计概念：坐落于一楼的改造老屋为一位年长者的单身居所，在考虑安全性与通风采光的原因之下，原有旧木窗不动，在外缘侧加装玻璃百叶，并更换新的铁窗。玻璃百叶为雾面质感，可增加隐蔽性，透过叶片调整，室内通风效果佳。图片提供：日作空间设计

施工关键

1. 由于玻璃百叶无法完全达到密合，窗户内同样规划纱窗，可避免蚊虫进入。

2. 依据窗户丈量所需要的百叶长度，宽度皆为固定规格。

设计手法 12·电动推射窗天井，依靠开窗尺寸、斜度透光通风

运用范围：天井

玻璃种类：胶合玻璃

设计概念：狭长屋型的独栋别墅中面临没有光线、无法良好通风的问题，增加天井提供透光、通风与空间的韵律感。由于中国台湾气候东北季风多，因此北面开窗小、南面开窗大，达到冬天保温夏天散热效果，搭配电动卷帘防止辐射热的产生，两侧推射窗为电动控制，操作上更便利。图片提供：日作空间设计

施工关键

1. 天井玻璃选用 8mm+8mm 胶合玻璃，加强安全性，并贴上隔热膜，同样可解决部分辐射热。

2. 推射窗可降低雨水向内洒落的概率，同时于外侧加装止水墩，避免顶楼排水孔堵塞时可能造成的排水问题。

设计手法 13 · 打开旧窗，发觉岁月的美好

运用范围： 餐厅外观立面
玻璃种类： 方格玻璃、旧回收窗框、清玻璃
设计概念： 通过新思维重新演绎废弃物的定义。旧窗框被视为废弃物，这是一个既定事实，殊不知它们融会了时间、岁月、风化的再现，体现了旧与新、垃圾与黄金、情感与记忆的联结。借老旧对象作为中介质，相较于介质之外崭新的环境更引人深省，提醒人们：从生活中发觉美的事物，唤醒人们对生活的感知，感受身边最单纯的美学。图片提供：沈志忠联合设计

设计手法 14·剔透玻璃砖打破实墙闭塞感

施工关键

1. 20cm×20cm 玻璃砖先用水泥堆砌固定，最后再用白色硅胶抹缝，作为外层防水工序。

2. 采光罩选用 1cm 厚度的强化清玻璃材质，避免杂物掉落危险。

运用范围： 外墙、天井

玻璃种类： 强化清玻璃、玻璃砖

设计概念： 将 30 年老宅改装为提供料理、美食交流的住办工作室，将前庭采光引入室内，同时打破楼板限制，让自然光渗入，让地下室绿树探出头来，成功联结两层空间。后院则纳入主卧场域，以玻璃天棚与玻璃砖外墙堆砌出一方私密的日光盥洗天地。图片提供：KC design studio 均汉设计

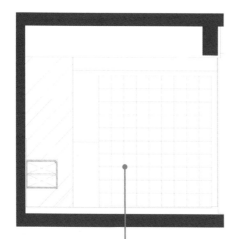

玻璃砖以水泥堆砌，再以白色硅胶抹缝

设计手法 15・折窗搭配室内外卧榻延伸，视野更开阔

运用范围：窗

玻璃种类：清玻璃

设计概念：这间新成屋拥有露台，然而原始建商配置的是一般推窗，考虑屋主俩人平常喜欢邀约朋友聚会烤肉，希望露台与室内的联结更紧密，于是设计师将推窗改为折窗形式。折窗不但能完全敞开，加上从室内延伸到户外的卧榻，创造出开阔的视觉感受，也让屋主可以直接走出户外，打破室内外界限。图片提供：浞浞空间设计

施工关键

1. 折窗玻璃材质选用 8mm 厚的清玻璃，达到气密隔音效果。

2. 原始窗框拆除后须重新做防水，嵌缝水泥须填实，才不会影响防水性。

©2022 辽宁科学技术出版社
著作权合同登记号：第 6-221-113 号。

图书在版编目（ＣＩＰ）数据

玻璃材质万用设计事典 / 漂亮家居编辑部著 . — 沈阳 : 辽宁科学技术出版社，2023.3
ISBN 978-7-5591-2435-7

Ⅰ . ①玻… Ⅱ . ①漂… Ⅲ . ①建筑玻璃—室内装饰设计 Ⅳ . ① TU238

中国版本图书馆 CIP 数据核字 (2022) 第 029696 号

出版发行：辽宁科学技术出版社
　　　　　（地址：沈阳市和平区十一纬路 25 号　邮编：110003）
印 刷 者：辽宁新华印务有限公司
经 销 者：各地新华书店
幅面尺寸：170mm×230mm
印　　张：13.5
字　　数：280 千字
出版时间：2023 年 3 月第 1 版
印刷时间：2023 年 3 月第 1 次印刷
责任编辑：于　芳
封面设计：何　萍
版式设计：何　萍
责任校对：韩欣桐

书　　号：ISBN 978-7-5591-2435-7
定　　价：76.00 元
编辑电话：024-23280070
邮购热线：024-23284502
E-mail：editorariel@163.com
http://www.lnkj.com.cn